王华麟◎著

优秀的人，不会让人生输给情绪

中国纺织出版社

内 容 提 要

一个优秀的人，任何时候都会控制好自己的情绪，成为情绪的主人。他善于利用积极的情绪，给予自己前进的力量，从而获得生活幸福、赢得事业成功。

本书以生活中常见故事作为案例，剖析情绪构成的要素，教你如何理解内心情绪、如何控制情绪，是你修炼优秀人士的人生指南。

图书在版编目（CIP）数据

优秀的人，不会让人生输给情绪／王华麟著.--北京：中国纺织出版社，2017.12（2025.3重印）
ISBN 978-7-5180-4505-1

Ⅰ.①优… Ⅱ.①王… Ⅲ.①成功心理—通俗读物
Ⅳ.①B848.4-49

中国版本图书馆CIP数据核字（2017）第312250号

策划编辑：闫 星　　责任编辑：李 杨　　责任印制：储志伟

中国纺织出版社出版发行
地址：北京市朝阳区百子湾东里A407号楼　邮政编码：100124
销售电话：010—67004422　传真：010—87155801
http://www.c-textilep.com
E-mail：faxing@c-textilep.com
中国纺织出版社天猫旗舰店
官方微博http://weibo.com/2119887771
三河市金兆印刷装订有限公司印刷　各地新华书店经销
2017年12月第1版　2025年3月第5次印刷
开本：710×1000　1/16　印张：13
字数：161千字　定价：69.80元

前言

preface

在每个人的内心世界中，情绪扮演着重要的角色，如同染色剂，为生活、工作染上各种各样的色彩；又如加速器，让生活、工作加速进行。优秀的人，总是保持积极、快乐的情绪，因为那是成功的动力。

有人说："情绪是思维的催化剂，思维管理可以通过情绪的调节而显示出更高的效应，人也会因此显得更聪明、更能干。"积极的情绪，可以让人精神振奋、想象丰富、思维敏捷、富有信心；而消极的情绪则会让人感到生活枯燥无味、思维迟钝、内心沮丧。人们做事的过程中，很容易受感情的影响，情绪既可以带来成功，也可能导致失败。对优秀者而言，内心各种情绪的绝妙组合，会让自己的一生变得意义非凡。

智商高的人并不一定能够赢得成功，因为成功有许多方面的因素，而情绪在决定成功与否方面甚至比智商更重要。有一些人的智商非常高，情商却不高，因此不能有效地控制自己的情绪，脾气暴躁，甚至有不理智行为。那么，这样的人就难以赢得事业上的成功。

综观古今中外，任何一个优秀的人在改变自己命运的过程中，都充分地利用了情绪的力量。拿破仑曾说："能管理好自己情绪的人，比能拿下一座城池的将军更伟大。"有人曾问美国前国务卿鲍威尔成功的秘诀，他想了想说："我的成功秘诀是：急事慢慢地说，大事想清楚再说，小事幽默地说，没把握的事小心地说，做不到的事不乱说，伤害人的事坚决不说，没有发生的事不要胡说，别人的事谨慎地说，自己的事怎么想怎么说，现在的事做了再说，未来的事来了再说。"从鲍威尔的话里可以看出，他不是一个冲动的人，总会考虑好行为的后果，道出了自己成功的重要原因。

一个优秀的人，善于控制自己的情绪，而失败者则被情绪所控制。那些优秀的人，就是心理障碍突破最多的人，毕竟每个人或多或少都会有各式各样、大大小小的心理障碍。

并非所有的成功都来源于智慧，一个人要善于发现自己的不足，让性格和情绪得以完善，成为一个优秀的人。而优秀的人，不会让人生输给情绪。

编著者

2017 年 6 月

目录

contents

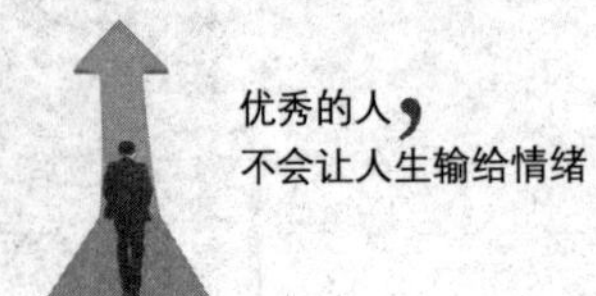

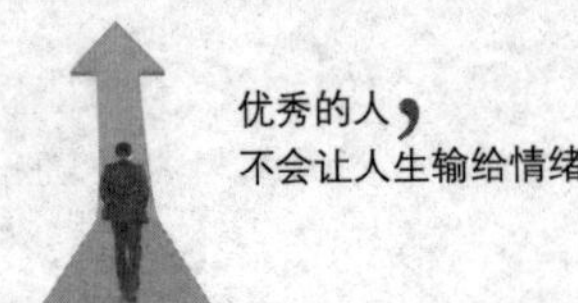

第1章 解读属于你的情绪密码——了解自己的情绪才能控制情绪

其实，每天我们都在上演着各种各样的情绪，比如“我今天玩得非常开心”“我一整天都处于恐惧当中”“好紧张”……这些都传达出不同的情绪体验。那么，情绪具体是什么？关于情绪我们又了解多少呢？俗话说：知己知彼，百战不殆。要想控制情绪，成为情绪的主人，首先就要了解情绪。现在让我们一起来揭开情绪的面纱，解读自己的情绪密码吧。

关于情绪，你了解多少

看一下下面这个案例，我们来初步了解一下什么是情绪。

85 岁的姥姥、46 岁的妈妈、19 岁的儿子、7 岁的邻居小妹妹正在一起看电视，屏幕上迈克尔·杰克逊正在大展舞技，主角和配角都跳得热火朝天，杰克逊更是唱得专注认真。那么，这些看电视的人的情绪体验是什么样的呢?

85 岁的姥姥："这到底是什么东西，又唱又跳的，还不如京剧来得好听呢。"（厌恶，看了几分钟就独自去找收音机了）

46 岁的妈妈："看看这是什么啊，动作这么开放，还有暴力画面，孩子看了能有什么好。"（担忧，拿起遥控器要换台）

19 岁的儿子："嘿，妈，你可别动，这跳得可真棒！他可是我的偶像，我要是有一点能像他这样就好了。"（兴奋，随着音乐手舞足蹈）

7 岁的小妹妹："电视上那个怪物可真吓人，那么大的嘴巴，那么亮的牙齿，我再也不想看了。"（恐惧，大哭起来）

这时，儿子的一个同学来了，看见杰克逊，说："他呀，还可以，比较喜欢。"（也随着音乐动了起来，但幅度并不大）

从上面的案例我们可以看出，面对同一件事情，不同人表现出不同的感受，有人厌恶，有人担忧，有人兴奋，有人恐惧，这就是不同人的情绪体验。

那么，从专业角度来说，情绪到底是指什么呢？

情绪是指人们在内心活动过程中所产生的心理体验，或者说，是人们在心理活动中，对客观事物的态度体验。

1. 情绪有着一定的生理基础

情绪状态的不同，也会引发人体生理的一系列变化。举例来说，人们感到害怕的时候，身体总会不自觉地发抖；人们感到气愤的时候，会出现面红耳赤的现象；人们感到焦躁不安的时候，心跳就会加快，呼吸也会相对急促。这些变化都是受人的自主神经支配的，是不由人的意识所能控制的。因此情绪状态下的这些变化，具有极大的不随意性和不可控制性。例如，当我们遇到考试失利、情感挫折、学习上的压力时，不可避免地会出现一些情绪上的反应，即使你再不愿意，甚至去控制，情绪也会出现。

其实，情绪在某种意义上反映着人们的内心世界。

人的不同情绪生理状态必然会反映在人的知觉上，反映到人的意识中来，从而形成人的不同的内心感受和体验。举例来说，当与好友一起玩乐时，就会感到满心的快乐；当被他人伤害时，就会感到非常心痛；当自己期待的事情达到圆满时，就会感到非常欣慰与幸福。

2. 情绪有着一定的表现形式

我们知道情绪能够给人身体本身还有心灵世界造成一定的影响，此外它还能直接作用于人的行为，主要反映在人的表情、语态和行为动作中，也有人称其为面部表情、声音表情和动作表情。面部表情最直接反映着人的情绪状态，人们可通过一个人的面部表情的变化，来了解一个人的情绪状态。比如，如果遇到难处或者处事不顺利，人们通常会满脸愁云。如果遇到开心的事情，会满脸笑容。声音表情则是指人们在与人交流时的声音的声调、音色和声音节奏的快慢等方面的变化。比如，难过的时候，人们通常声音比较低沉，说话比较迟缓；兴奋的时候则会语调高昂、语速加快，声音抑扬顿挫，清晰有力。动作表情也同样反映着一个人的情绪状态，如在期末考试后我们可通过考生们的坐立不安、手舞足蹈和垂头丧气来判断他们此时此刻的情绪状态和面临的境地。

情绪对于身体、心灵、行为举止等方面有着极大的影响，所以它的意义不可小觑。

1. 人都是有情绪的，情绪不可或缺

每一个人都有着不同的情绪，这是人的生理现象。没有情绪的人，可以说如同行尸走肉，没有了灵魂。没有情绪的人是不完整的人，是人生的极致痛苦。

2. 情绪反映着一个人的能力如何

情绪生来就有，但大多是靠后天的努力去完善的。例如一个人的自信、勇气、冷静、坚定、创造力等，这些能力虽然需要资源、知识等辅助去实现，但是根本上是由你的内心感受去实现的，俗话说“谋事在人”，没有心里的某种感觉支配，外在的东西都是“纸上谈兵”。真正有能力的人能很好地发挥自己的情绪能力。

3. 情绪对于人生有着一定的指导意义

不同的情绪带给我们不同的教育意义，可以说是我们前进道路上的指明灯。情绪改变着我们，对我们的学习、生活有着很大的督促作用。例如，小孩子被火炉烤痛了，下次就不敢再摸，不甘心落后的人才会发奋努力，假如没有恐惧，生命也就无所谓珍贵了。

4. 把控情绪，不做情绪的奴隶

情绪本是我们生命中的一部分，就如同我们的手脚、积累的经验和知识等，都是为我们服务的。很多人成为情绪的奴隶，没有驾驭好情绪，使它臣服。但是这种情况是可以扭转的，当我们自身办不到时，可以借助外部力量，如知识、技巧等，帮助我们成为自己情绪的主人。

当自己非常气愤，感觉无法控制情绪时，不妨学会心理暗示，告诫自己此刻应该冷静下来，不能因他人的错误伤到自己的身体，有涵养的人一般能做到控制。

情绪源于自身

人们的情绪色彩缤纷，如同万花筒。情绪的种类多样复杂，而且它们之间是交互错杂的，所以说情绪的种类仅用人类的语言形容是不完全的。因而，要对情绪进行一个精准的分类并不是那么简单。

人的情绪主要分为两大类：基本情绪和复合情绪。基本情绪是人与动物所共有的，在发生机制上有着共同的原型和模式，它们是先天的、不学而能的。每一种基本情绪都有独立的神经生理机制——内部体验和外部表现，并有不同的适应功能。

《礼记·礼运》很清楚地记载了我国古代对于情绪问题的分类，可以说是最早的关于情绪分类的著作。其中记载人的情绪有“七情”，即喜、怒、哀、乐、爱、恶、欲；另据《白虎通·情性》，将情绪分为“六情”，即喜、怒、哀、乐、爱、恶；在近代的研究中，常把快乐、愤怒、悲哀、恐惧列为情绪的基本形式。

快乐、愤怒、悲哀、恐惧在现代心理学中被认为是基本情绪或原始情绪，是一种单纯的情绪。快乐是指所期待的目标得以实现或需要得到满足之后，内心的紧张状态解除后所产生的一种轻松、满意的情绪体验。比如经过自己的刻苦努力，学生们终于战胜高考，步入理想大学，这种快乐相信对每个学子来说是发自内心的最真切的感受。引起快乐的最主要的情境条件是一个人经过自己的努力达到了追求的目标，但快乐的程度还取决于多种因

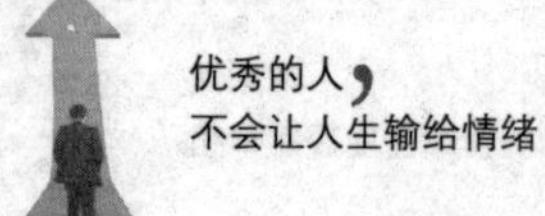

素，包括所追求目标价值的大小、在追求目标过程中所达到的紧张水平、实现目标的意外程度等。

愤怒是由于外界事物或对象过度妨碍和干扰，个人的愿望受到压抑、目的受到阻碍以致遭受挫折而累加起来的紧张情绪。对于愤怒来说，阻碍的大小和困难的程度决定着愤怒的程度。脸部皮肤发红、眼睑处增宽、嘴唇和下巴收缩变紧、拳头紧握、嗓子发紧，甚至声音都会颤抖，这些都是愤怒情绪的外部表现。如果你身边的人有上述表现，那他很可能就处在愤怒的情绪里。

悲哀，也就是我们所说的悲伤。它是指由于失去自己所喜欢或热爱的对象或者因所期盼的东西毁灭而产生的一种情绪体验。引起我们悲伤的事情不仅包括我们与所爱者诀别和分离，而且包括我们意识到或未意识到的浪漫梦幻、不能实现的期望、自由权利和安全的丧失，以及那曾被认为是永不衰朽、坚强有力和长生不老的年轻自我的丧失。这些都会引发悲伤的情绪。

恐惧是一种企图摆脱危险情境的逃避情绪，常见的反应有退缩、回避等，表现为心慌、发抖、毛发竖立、惊叫等。引起恐惧的关键是个体缺乏处理可怕情境的力量或能力。大学生常见的恐惧包括社交恐惧、考试恐惧、新环境恐惧等。

另一种现代颇具代表性的情绪的分类是根据情绪状态即发生的强度、速度、持续时间和紧张度，分为心境、激情和应激。

1. 心境

心境是一种比较微弱而持久的情绪状态，主要有两大特点：弥散性和长期性。心境的弥散性是指当人具有某种心境时，这种心境表现出的态度体验会朝向周围的一切事物。当你在课堂上被老师表扬，觉得心情愉快，于是你见到同学会兴高采烈，走在路上也会觉得天高气爽；而当心情郁闷时，你会情绪低落、无精打采，甚至见到五颜六色的花朵都懒得多看一眼。古

语有云，“忧者见之而忧，喜者见之而喜”，就是这种心境的弥散性的表现。

2. 激情

激情与心境相反，是一种短暂而猛烈的情绪状态。谈到激情，或许每个人都会回忆自己某次异常疯狂的经历，可能我们回忆更多的是欣喜若狂，但其实诸如悲痛欲绝、暴跳如雷、惊恐万状等也是猛烈的情绪体验。一般诱发激情的是重大事件的强烈刺激，如巨大的成功、严重的挫折、莫大的羞辱等。激情的主要特点为爆发性和冲动性。

3. 应激

应激是指在意外的紧急情况下所产生的适应性反应。当人面临危险或突发事件时，人的身心会处于高度紧张状态，引发一系列生理反应，如肌肉紧张、心率加快、呼吸变快、血压升高、血糖增高等。例如，当遭遇歹徒抢劫时，人就可能会产生上述的生理反应，从而积聚力量以进行反抗。但应激的状态不能维持过久，因为这样很消耗人的体力和心理能量。若长时间处于应激状态，可能导致适应性疾病的发生。

总之，我们可以看到情绪的分类形式是多样的，此外我们自己还要懂得情绪的来源是我们自己本身。因此，不论什么情绪，我们都是可以自己去掌控的。情绪是我们日常生活中非常关键的一部分，我们不可能没有情绪，但是我们要记住不要任自己的情绪为所欲为，成为情绪的奴隶，我们要努力去做情绪的主人。

治疗忧郁症的方法很多，笑就是其中的一个。笑，是肺部和脸部肌肉的运动，又是情绪的宣泄，对健康有益。心胸开朗，对人宽容，不要纠缠在人际关系上，遇事想得开，这些都是“笑口常开”的条件。心笑才能真笑，可是如果一个人心胸非常狭隘，总是处处计较，那么这个人是笑不起来的。

情绪与我们的身心健康密切相关

我们知道，情绪与健康有着十分密切的联系，这一点不仅得到现代医学的认同，同时也是中国古代人民观察的结论。在中医理论上，有喜伤心、怒伤肝、思伤脾、恐伤肾、忧伤肺的说法，十分明确地阐述了情绪对健康的影响之大。因此，情绪是我们身体的警报信号，保持良好的情绪，对于维持身体健康是有很多好处的。

专家通过多年的研究，对于情绪，他们做出了如下解释：情绪的变化会带来生理上的一系列改变。比如人在出现恐惧情绪的时候，就会出现瞳孔变大、口渴、出汗、脸色发白等一系列变化。这些自然生理变化在正常情况下具有积极的作用，能够让身体的各个部分动员起来，以适应外部环境变化的需要。但是，如果长时间沉浸在负面情绪里无法自拔，一直内心忧郁、恐慌、难过，那么我们的身体就会受到严重影响，甚至会出现病状。那么到了这个时候，这个人的身体就会垮掉，他的事业也会受到影响。

在历史上，有许多人的事业都是坏在了不健康的身体上，而导致身体不健康的原因则是这些人的负面情绪。诸葛亮就是一个非常典型的例子。诸葛亮是三国时期著名的军事家和政治家，有很多人认为他是一个谈笑自若、指挥若定、风流倜傥的人物。事实上，在刘备死后，他却不再是这样的人了。这是因为，“兴复汉室”的重担压在了他的肩上。在朝中无可用之将、皇帝昏庸无能、魏国过于强大的压力下，诸葛亮夙夜忧叹、食不甘味、寝不安席，身体状况急剧下降，最后变成了一个疲惫不堪、心力交瘁的老者。

诸葛亮当然了解自己的身体状况，但他却不注重心理的调节和健康的

维持，反而变得更加急躁起来。或许，他是想在自己死前完成刘备托付给他的使命吧。在这种心态的支配下，他不顾国力不足的现实，又发起了对魏国的战争。但是两个月之后，诸葛亮带着深深的遗憾病死在军帐中，匡扶汉室的大业最终因为他的死亡而夭折。

诸葛亮的死和他身上背负的压力有很大的关系，但是这却不是最重要的原因，究其根本，是坏在了他本人的情绪上。如果他少一些忧虑多一些乐观，少一些固执多一些洒脱的话，恐怕他的身体就不会过早地垮掉，也不会在 54 岁的时候就与世长辞了。可惜历史不容许假设，诸葛亮最终也只能带着壮志未酬的遗憾离开人世。

其实，我们应该明白，很多疾病的产生都是因为自己心理上的不愉快引起的，或愤怒，或生气，或急躁，或难过……这些坏情绪不断地侵蚀着我们的身体。因此，不仅是身体需要医治，我们的心灵也需要得到良好的治疗，我们要懂得不断检查自己的情绪是否出现病态。总之，我们应该以高昂的情绪投入到生活和工作中，正确看待生活和工作中遇到的一些问题，这样才能拥有更加强健的体魄。

保持身体健康，引导向上情绪，我们需要注意以下几点：

（1）饮食上要均衡营养。

（2）多加运动。

（3）培养规律的作息时间。

（4）人生态度要乐观向上。

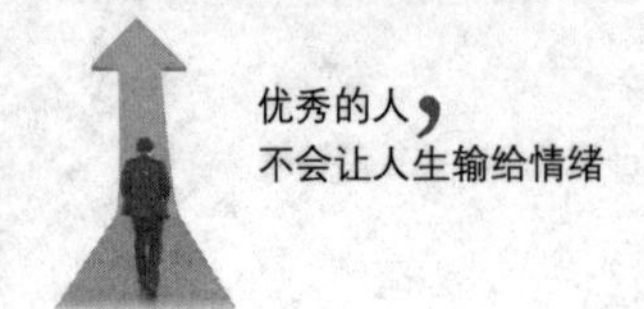

学会管理自己的情绪

我们是否了解自己的情绪呢？是否该适时地总结一下自己的情绪状态呢？其实，只有了解自己当下的情绪，才能有针对性地去解决问题，得到更适合自己的情绪管理方式。我们知道，每个人都有自己的情绪特点，它是影响人们生活质量的一个重要因素。有人说：“我们要换双眼睛看情绪，情绪是我们生命不可分割的一部分，同时情绪从来都不是问题。”一种情绪状态对应着一种人生模式，幸福与悲惨的人生模式与自己的情绪选择有着极为密切的联系。前者往往指一个人持有一种乐观向上的心态，后者往往指一个人持有一种抱怨、消极的心态。所以，积极向上的生活，过好每一天，首先就要学会去了解自己的情绪。我们只有先了解自己的情绪特点，才能学会掌握它、驾驭它，才能赢得人生的幸福。人的情绪特点会时时处处体现出来，始终陪伴我们左右，是我们的朋友也是我们的对手。那么，情绪又有什么特点呢？简单地说，情绪是指身体对行为成功的可能性乃至必然性，在生理反应上的评价和体验，包括喜、怒、哀、乐等多种。人的情绪有三方面的特点：它会因环境而改变，具有情景性；它会不断地变化，具有不稳定性；它还会在短时间内变幻，具有短暂性。只有了解到情绪所具有的特点，大家才能更加真切地感受到其间的转变。

比如说，在参加娱乐活动时，我们很容易被里面热闹的氛围以及欢快的场景所吸引，从而心情会非常地高兴，能够以愉悦的心态穿梭在人群里。反之，如果我们碰到不开心的事情，那么我们的内心就会变得沉闷、难过。我们还会体验到，无论是愉快的情绪还是抑郁的心境，都不会很长时间地控制和影响我们的心情，因为情绪具有不稳定性，而且是相对短暂的。这时候，我们就可以主动地排遣不利的因素，让自己的情绪变得阳光起来。

情绪不是一成不变的，而且针对不同人群，情绪也具有个性特点。生活中我们常能看到这样的情况：一群同样年龄、同样学力、同样职业的年轻人，他们对待学习、工作、生活的态度是截然不同的。生活中有两类人，第一类人可以说是积极情绪的受益者。他们总是那么积极主动，充满着朝气，遇到困难从不消沉。而另一类人可以说是消极情绪的牺牲品。他们总是看着很郁闷，处理事情拖拖拉拉，遇到点困难就要死要活地夸大自己的痛苦。这两种人的不同表现反映了他们不同的情绪特点。不同的情绪特点对人们行为的影响是巨大的，积极的情绪有助于人们获得成功和幸福，消极的情绪会使人们远离成功，远离幸福。如果希望情绪帮助我们获得幸福和成功，就应该认真地审视一下自己的情绪特点，看看它是积极的、正面的，还是消极的、负面的。一个拥有积极情绪的人要做的就是不断坚持，并把这种心态弘扬下去，不断促进自身发展；一个总是处于悲观心态的人应该清醒了，不要把这份消极看作无所谓的事情，其实它的影响可以改变人的生活乃至一生。总的来说，要想对症下药，很好地掌控自己的情绪，首先必须了解的就是自己当下的情绪状态和特点。选取情绪的精华，摒弃其中的糟粕，从而不断地调控、完善自己的情绪，让它成为我们幸福生活的推力，协助我们大步迈向健康而又美好的明天！

怎样去了解自己的情绪，做自己的情绪“侦探”呢？

平日里对自己多加留意一下，思考一下当下处于什么样的情绪状态。例如：当你因为朋友做的事情让你不满意而变得对他反感，问问自己：“我为什么这么做？我现在有什么感觉？”如果你察觉你已对朋友三番两次的行为感到生气，你就可以对自己的生气做更好的处理。有许多人认为：“人不应该有情绪”，所以不肯承认自己有负面的情绪，要知道，人一定会有情绪的，刻意去克制自己的情绪让自己变得压抑而无处发泄，这样对自己的害处会更大，懂得观察自己的情绪，是合理管理情绪的关键性一步。

总之，无论我们做什么事情，争取健康的情绪、保持清醒的头脑、拥有良好的心态，抛开不满和失败，你就会发现，世间最快乐、最富有的人就是自己。

“情绪晴雨表”，看情绪周期变化

我们知道，心境不同，情绪自然也会有很大差异，同样一件事不同的人也会出现不同的反应。比如说，对于两个口渴的人来说，茶杯里面有半杯水，积极的人看到之后心里会乐开了花，会说：“好极了，还有半杯茶水”，而消极的人看到之后，会非常的难过，不禁感叹道：“真郁闷，只有半杯啊！”实际上，每个人的心中都有一份情绪晴雨表，只是，情绪不好时我们常常只看见阴郁的雨天，而忘记了另一方晴朗的天空，于是，我们不由自主地以悲观、消极的心态来面对生活。这样一来，很多微不足道的事情就会给我们带来很大的火气，甚至不断扩散这种悲观情绪，危害到周边的朋友。心情与生活一样，是可以选择的，即使事情变得十分糟糕，我们也依然可以选择以快乐的心情面对。这样，我们既能看清楚事情的真实情况，而且积极乐观的心态可助我们更好地解决问题。

春夏秋冬不断地轮回转换，看似蔚蓝的天空说不准哪一刻就会乌云密布，一切都充满着变幻，人的情绪也不例外。所谓“情绪周期”，是指一个人的情绪高潮和低潮的交替过程所经历的时间。它反映人体内部的周期性张弛规律，亦称“情绪生物节律”。情绪周期处于高潮时，一些积极的因素就会迸发，如热爱、高兴、乐观、主动……当低潮出现时，一些消极的因素就会污染我们的内心，如烦闷、气愤、悲观、绝望……

美国加州大学的雷克斯·赫西教授曾经进行了一项科学研究，结果表明人类情绪周期平均为五周。也就是说，一个人的心情由高兴降到沮丧，再回到高兴，往往需要五周的时间。

不论周期或长或短，首先你要做的就是了解自己，知道自己的高潮期和低落期，这样才能逐步深入地改变自己的坏情绪。

了解了自己的情绪周期，我们就要懂得在不同的时期有针对性地去安排好具体的任务。情绪高涨时安排一些难度大、较烦琐的任务，而在情绪低落时多出去走走，多参加体育锻炼，放松思想，放宽心情，进行一些健康向上的活动，多去寻求亲朋好友的帮助，学会倾诉，让旁观者为你分析问题所在，开导自己，从而顺利度过这一段危险期。

生物节律是每一个人都有的现象，只不过不同的人有不同的表现罢了，有的明显有的却不明显。正常人间歇性地发生不同程度的心理异常，其“病因”主要有三：一是在你与周围世界的“碰撞”中，不可避免地要产生各种负面情绪，当“情绪积累”达到一定程度时，容易出现身心失衡，需要通过适当的方式来宣泄。二是工作和生活压力超过了身心所能承受的负荷，激起了情绪的“抗议”。三是天象的影响，比较明显的是“潮汐”，月亮的盈亏会使人的情绪之“海”出现“起伏”。此外，特别的性格、特殊的环境及突发事件也会为心理异常埋下“伏笔”。因此，在心理学家看来，间歇性轻度情绪失控、轻度心理异常人人皆有，但每个人的发泄方式却不一样。

总之，每一件事情有不同的角度，遗憾的是我们经常只看到事情的弊端，而没有看到事情美好的一面，以至于常常使自己的情绪陷入低谷之中。其实，如果我们换一个角度看问题，就会发现事情本来就是美好的，而我们只是忽视了那些潜在的美好。所以在生活中，多个角度看问题，随时调节自己的心情，便能使情绪达到最佳状态。

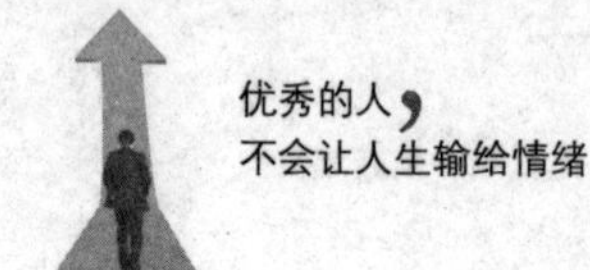

想了解关乎自己情绪的一些小秘诀吗？学会了下面的这种制表方法，你就会有意想不到的收获。

列好表格，拿出一年中任意一个月来参照计数，在纵行中写下日期，1~30号（或31号）；横行为不同的情绪指数，包括兴高采烈、愉悦快乐、感觉不错、平平常常、感觉欠佳、伤心难过、焦虑沮丧。到晚上就回忆一下这一天的情绪如何，然后在对应的那一个格子里画上记号，等到一个月就把这些标记连起来，不久你就会发现一个模式，这就是你的情绪节律。这项测试通常很准。

时间长了，你就会发现里面的小秘诀，了解到自己情绪高潮和低潮的大致时间。知道这一点后，你就可以预测自己的情绪变化，并相应地调整自己的行为了。

第2章

小心由情绪引发的生理疾病——小情绪积郁大问题

负面情绪往往给人们的身体带来各种不适，可以说是百病之源。比如，我们常见的脑血管疾病、消化系统疾病等，都是由一些负面情绪所导致的。当一个人长时间被负面情绪所环绕，不仅不会感到幸福，而且身体也会出现各种问题。

压抑的情绪，会损害身心健康

每天，我们都可能面临着生活给自己带来的愉快、悲伤、愤怒和恐惧。但是，这样形成的情绪和情感往往是短暂的，哪怕是负面的情绪，痛苦之后，强烈的体验随着刺激的消失而消失了。可是，如果那些焦虑和忧愁长期存在，就会使人惶惶而不可终日，由不良情绪引起的生理变化也久久不能恢复。其实，长期压抑的情绪对人的身体健康是有很大影响的，紧张忧虑的情绪不仅仅影响生活的质量，还会给身体带来更大的伤害。

那些压抑的情绪在身体里撞来撞去，让自己很难受，还有一种说不出的悲哀，严重者还会就此患上抑郁症。也许，有时候，你会觉得身边的种种因素而压抑心中不良的情绪，还安慰自己说“忍忍就过去了”，其实，总是压抑自己的情绪，会逐渐影响到你的身体，因为那些长期压抑的情绪比生气更容易伤害自己的身体。抑郁一段时期之后，你会发现身体出现诸多不适，不仅给自己带来了心理上的疾病，还引起了身体上的疾病，这根本就是得不偿失。所以，当自己产生了一些不良情绪，一定要通过正确的渠道释放出去，舍弃压抑自己的方式，获得心理身体上的双重健康。

小曼最近心情一直处于抑郁的状态，因为她发现以前老把“爱”挂在嘴边的老公有了外遇。刚开始知道这个消息的时候，她就觉得心中的那个世界已经坍塌了，觉得天也塌下来了。自从结婚之后，小曼就辞去了工作

在家里相夫教子，把重心也放到了孩子身上，忽视了打扮学习，也忽略了老公的感情，自己成了黄脸婆，老公就这样出轨了。

之后，她的心情就一直很压抑很低落，对未来生活没有希望和期盼，很迷茫，每天都守着空房子煎熬着。天天跟自己在一起的老公都可以背叛自己，那还有什么值得依靠的？前些日子，她突然觉得烦躁不安，手心出汗，浑身不自在，什么也听不进去看不进去，有点崩溃的状态。好朋友来看她，小曼也不好意思把真相告诉朋友，觉得这是家丑。她也试着跟老公谈了一次话，可老公满脸愧疚地说没打算跟自己离婚，可是他又牵挂着其他女人，小曼觉得自己实际上是守着一个空壳过日子，她不想去过问他的行踪，可想着老公和其他的女人在一起，她也觉得不宽心。

前两天去医院例行检查，发现自己患上了慢性浅表性胃炎，难道这就是守住婚姻的代价吗？小曼心情糟透了，精力严重透支，现在体力也完了，她也不知道自己该怎么办。

小曼一直压抑自己的情绪，那些恶劣的情绪已经影响到自己的身体，也破坏了生活的质量。其实，她大可以跟老公吵一架，选择干脆地离婚，但她并没有这样做，她没有做出实质性的举措，只想守着自己的婚姻。最终因为不良情绪压抑得太久患上了疾病，给自己身体带来了严重的伤害。生活中有不少人会觉得自己与家人的相处比较压抑，自己即便是对家人有什么不满，总是强忍着，告诉自己不要计较，尽量不生气，但是，这样的情绪压抑久了，难保自己不会做出一些冲动的行为出来。所以，对于那些不良的情绪，要舍弃压抑的方式，选择通过正确的渠道来释放，这样才有益于身心健康。

众所周知，女性普遍比男性的寿命更长，除了职业、生理、激素、心理等各方面的优势条件外，女性喜欢哭泣也是一个重要的因素。因为哭泣对于女性来说，是一个释放不良情绪的渠道。哭泣之后，在情绪强度上就会减低百分之四十，如果不能利用眼泪把情绪压力释放了，就会影响到身体的健康。

1. 强忍的眼泪等于自杀

强忍着眼泪就等于“自杀”，可是，哭泣的时间不宜超过15分钟，否则也会对身体有伤害。当然，眼泪并不是唯一释放情绪的途径，尤其是对于许多男性来说。这不得不让人想起曾经的流行语“你今天偷菜了吗”，如果见面不说“偷”，就好像自己不前卫不时髦跟不上时代步伐一样。其实，除去“偷菜”本身所具备的娱乐性质之外，它之所以能风靡于网络，还源于对压抑情绪的释放。当许多上班族忙碌了一天，总希望能通过一件愉快的事情来释放自己压抑的情绪，而“偷菜”就成了一个巧妙的出口。可能，偷菜并不是全民释放情绪的方式，不同的人会选择不同的途径去释放自己的不良情绪。

2. 通过合理且正常的途径发泄情绪

可能有人觉得，既然不压抑自己的情绪，那就随处释放，不管是同事还是朋友，一股脑儿向对方发火。压抑的情绪是需要释放，但前提是通过正确的渠道，而不是无所顾忌地随处释放。也许，不同的人会选择不同的释放渠道。有的人喜欢运动，有的人喜欢通过参加休闲活动来放松心情，有的人喜欢听歌看小说，有的人选择睡个好觉。其实，无论是哪种途径，只要能顺利地释放不良情绪，都是值得采纳的。因此，面对不良情绪，舍弃压抑的方式，选择正确的释放渠道，保持自己身心健康的状态。

释放情绪，避免心理疾病的侵扰

随着生活节奏越来越快，来自社会各方面的压力也越来越大，由此引

发的各种心理疾病也层出不穷。在最开始的时候，人们并没有意识到心理疾病带来的危害性，他们只重视身体上看得见的健康，而忽略了心理健康问题。实际上，比起身体上的健康，心理上的疾病对身体的伤害更严重。一般来说，身体上的疾病是可以治愈的，而心理上的疾病却难以医治，一旦陷入了某种心理上的疾病，就会直接影响人们的工作、生活和学习。所以，对每一个生活在激烈竞争中的人来说，学会呵护自己的心理健康，不要让心理疾病侵扰你，这对于保障未来的事业生活都是极大的帮助。

许多人都有这样的问题，心理上的压力很大，却又得不到释放，这主要是来自生活社会的种种压力。而且，随着社会竞争越来越激烈，这样的压力会越来越大，几乎到了崩溃的边缘。近年来，因为承受不了生存的压力而选择自杀的人不在少数，究其原因就是心理疾病的困扰，更有甚者为此患上了抑郁症，失去了生活的勇气。因此，在现实生活中，我们不要忽视心理上的健康，只有保持身心健康才能扬起生活的风帆，走向人生的成功之路。

“老师承受的心理压力实在太大了！”这是现代老师喊出的肺腑之言。

有一次考试结束后，章老师将一份全年级化学小测班级平均分的排名拿给与自己同场监考的王老师看。王老师所带班级的化学成绩一直不是很理想，这次小测，他所教班级平均分不仅又是最末，还比以前略有下降。第二场考试开始了，王老师叹着气与章老师走进考场。刚发完试卷，教室里突然传出一个男性的歌声。“谁啊？”安静的教室里顿时炸开了锅，章老师和同学们一起搜寻那个破坏考试秩序的人。然而，师生们惊奇地发现，唱歌的居然是王老师。

王老师的行为让大家觉得既奇怪又好笑，随后有同学大声叫“老师，别唱了”，章老师也把王老师拉到一边，劝他别唱了。可是，王老师似乎听不见任何人说话，依旧唱个不停。章老师急忙向校领导报告，并找来医

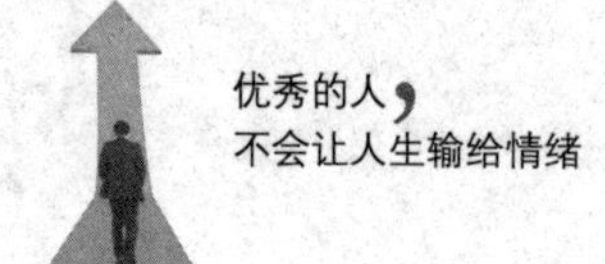

生进行诊断。医生表示，王老师受了不良刺激，心理压力太大引发失控行为。

而同事某女老师也发生了类似的状况，“我教学能力这么强，人又长得漂亮，为什么领导不重用我？”在办公室里，老师们忙着备课批改作业，某女老师突然蹦出这么一句话，让同事们感到莫名其妙。有老师说，每次考试结束，校领导把全区其他学校的成绩领回来比较的时候，那个女老师都十分紧张，然后就吃不下饭了。有时候能看见她在操场上走着，都会说胡话。

在以前，大家都会认为教师这行是一个比较轻松的职业。但近年来，一些社会舆论认为学生学不好，责任在于老师，因而老师所承受的压力非常大。而且，随着近些年来进行大规模的课改，教材更新，一些老师尤其是年纪较大的老师已经感觉到“力不从心”，适应不过来，加上自身心理调适能力较弱，就会产生心理问题或者心理疾病。

由于现代人普遍工作节奏快、竞争激烈、心理压力大，抑郁、焦虑和强迫已成为人们的主要心理疾病。为此，专家呼吁，应加强对自身心理健康的关注和重视力度，建议人们每年做一次“心理体检”，把心理疾病危害程度降到最低。所以，面对心理疾病，要舍弃听之任之，要进行及时的疏导，进行心理上的调节，必要时可以向心理专家进行咨询，以此保持自己心理上的健康。

1. 小心情绪会转换为心理疾病

据调查，现代人中产生心理问题和疾病的人群急剧增加，精神疾病的患病人数几乎超过了心血管病，跃居疾病患者的首位。社会各阶层的人士都有着心理上的困扰，如果不及时调节，久而久之就会形成一种心理疾病。

2. 注重心理健康

都市白领会在紧张的工作状态下患上心理疾病，如焦虑不安、抑郁症、精神障碍等心理问题和疾病；对于产生在高发离婚率之下的人士遭受了情感的挫折，他们也会或多或少地产生心理疾病；贫困家庭难以承受压力的

超负荷，生活和工作的双重压力极有可能导致心理疾病；商界精英面对事业受挫，其心理因失败的打击长期处于一种失衡状态中，又不能自我调节，极有可能诱发精神障碍、抑郁症、自闭症等心理疾病。

事实上，一些竞争比较激烈、所担负重大责任的行业里，也会出现一些被心理疾病所困扰的人士。因此，心理健康不容我们任何人忽视，心理上的健康与身体上的健康同样重要。

负面情绪会威胁到我们的身体健康

卡耐基曾说：“一个损失了健康的人，就算他赢得全世界，也不能算作真正的成功人士。即使他拥有全世界，每晚也只能占据一张床，一日也只能享用三餐。哪怕一个挖水沟的人，也能做到这一点，甚至还可以睡得更安稳，吃得更香，我宁愿做一个普通的农夫，闲来能够悠然弹奏五弦琴，也不愿意作为企业家，45岁不到就因为忙于管理而自毁健康。”现代人越来越焦虑，在内心里隐藏着一种恐惧，既担心自己的生存状况，又惧怕生老病死，其实，这就是典型的负面情绪。

长久以往，原本健康的身体被心理折磨得奄奄一息，心理不健康是导致身体不健康的主要因素。比如，有的人身体感到不舒服，就老是怀疑自己生了病，整天陷入恐慌之中。其实，在很多时候，这些只是小病或者根本就没有疾病，而是源于内心负能量，比如焦虑和恐惧。当然，心病还得心药医，不要猜疑自己的健康，保持健康的心理，心病自然就会消除了，让那些在阴暗处滋长的负能量在阳光下消失。

他是美国棒球名将，他曾遭受压力的困扰，后来，他摆脱了焦虑症，

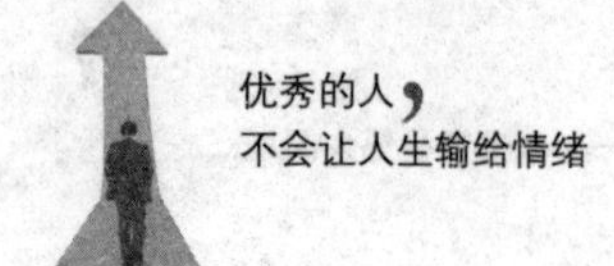

停止了没有理由的恐惧，使他变得既长寿又健康。

他这样回忆道：“刚开始打棒球的时候，根本没有钱可挣，而且，常常被空罐子或马具绊倒，等到球赛结束了，我们就用空帽子向观众收点小费，以供奉母亲，养育幼小的弟弟妹妹，那点钱是绝对不够的，有的球队就只靠草莓充饥。各种压力令我感到焦虑，我是唯一连续 7 年陪末座的棒球队经理，也是 8 年来唯一输过 800 场棒球队的经理。以前一连串的挫败令我焦虑到不吃不喝，但是，后来，我决定不再焦虑了，如果不是当时就停止忧虑，我早就躺在棺材里了。”

在受压力困扰的日子里，他发现压力对自己毫无益处，只会危害自己的事业，而且，还会危害自己的健康。后来，他逐渐发现了克服焦虑和恐惧的方法：忙着为未来赢球作策划，没有时间去焦虑和恐惧已经输了的球局；绝不在球赛结束后 24 小时内批评球员的错误。

原来，他以前总是叫球员来训话，后来，他逐渐发现，如果已经输了球，责备和争论都没有意义了，只会增加自己的焦虑和恐惧。于是，他决定输球之后，绝不马上去看球员，要到第二天才跟大家讨论失败的原因，这样到了第二天，他已经很平静了，这样看来那些失误好像没有那么严重了，他可以冷静地讨论。这样过了一段时间，他发现内心的焦虑和恐惧已经慢慢消减了。甚至，他认为，自己长寿的秘诀就是“停止焦虑和恐惧”。

焦虑和恐惧这样的负能量给我们生活造成的影响是不容忽视的，焦虑对我们毫无益处，只会危害自己的生活和事业，而且会危害自己的健康。与其花费大量的精力和心思去焦虑和恐惧，不如好好经营自己的生活，把精力和心思转移到生活上来，这样，自然而然就摆脱了焦虑和恐惧，从而获得一种轻松而美好的生活。

何谓闷气？它是由于心中郁闷，而憋在心里的气，是一种无奈、没办法的表现。古人曰：“百病生于气也。”常言道“怒伤肝，忧伤肺”，那

些郁积在心中的不愉快情绪使内脏活动紊乱、内分泌系统失常，胃口不佳、消化不良，而且，长时间的烦闷还会导致血压升高，甚至导致冠心病。另外，从心理学上说，生闷气是一种不愉快的情感体验，它是一种消极的，甚至会破坏正常的情绪反应。一个人若是情绪恶劣，其记忆力将会减退，思维能力也大受影响，同时，喜欢生闷气还会影响到一个人的正常人际交往。

有时候，我们根本没有想过身体的疾病会跟负能量有关，事实上，郁积在心中的负能量常常会成为我们身体疾病的根源。一位喜欢被负面情绪所困扰的人说："我感觉很孤单，很堕落，心中像压了一大块沉重的石头，压得我快喘不过气来，什么时候才能将这块石头熔化，它憋在我心里，憋得我快要疯了。"现代社会竞争激烈，工作和生活压力都非常大，这不仅影响家庭关系、同事关系、朋友关系，如果自己不能妥善处理这样一些矛盾，那些不断膨胀的负能量就会危及我们的身体健康。

卡耐基认为，负面情绪诸如焦虑和恐惧是现代社会普遍存在的心理疾病，它源于工作压力、人际关系、经济问题、孤独以及交通阻塞。每天，我们都饱受着生活压力的困扰，可能或多或少都有焦虑恐惧的经历，然而，可能许多人都没有意识到，长期的焦虑会引起抑郁症，这是一种病态的心理，不会给我们的健康带来损害，而且会感染到身边的人。

忧虑是威胁健康的隐患

情绪是生命的指挥棒，更是健康的寒暑表，正所谓"笑一笑十年少，愁一愁白了头"，这绝对不是空穴来风的俗语。在现代社会中，越来越多的现代人正用他们自身的实际案例诠释着情绪与健康的紧密联系。可以毫

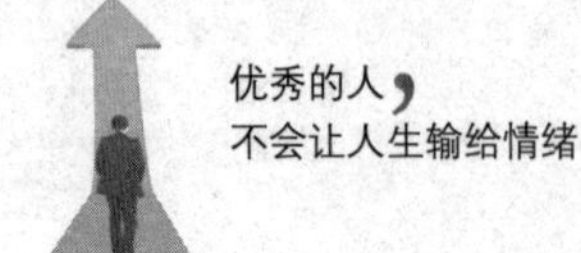

不夸张地说，坏情绪是颠覆健康的定时炸弹。愉悦的心情会让人们心境开朗，工作生活一切都顺顺利利；而饱受嫉妒、孤独、抱怨、愤怒等一系列糟糕的坏情绪侵蚀的人，经常难以进入洒脱豁达的境界。而且这些可怕的坏情绪，还是颠覆健康的恶魔，它们会让原本自信的人心理失衡、身体虚弱，诱发各种身体疾病。假如我们想要掌握生命的主动权，就一定要扼杀潜藏在体内的不良情绪。

葛伯是圣太菲铁路公司的医药主管，其正式职称是海湾区，科罗拉多州和圣太菲医院协会的首席医师。作为医生，葛伯经常会接触到一些因忧虑而引起身体疾病的患者。他解释说："其实，到医院看病的人中绝大多数只要想办法消除内心的忧虑和恐惧，他的病自然会痊愈。当然，他们的病并不是不存在的，实际上，他们的病是因忧虑而导致的身体疾病，有时候甚至比牙疼还要严重，诸如一些神经性消化不良、某些胃溃疡、心律不齐、失眠、头痛，以及某些麻痹症等，都是因忧虑和恐惧引起的。比如胃溃疡是怎么形成的？恐惧会令人忧虑，忧虑使人紧张，最后影响到人的胃部神经、胃液分泌紊乱，最终引起胃溃疡。事实上，我本人就是最好的真实案例，我已经被胃溃疡折磨长达12年之久了。"

曾获得诺贝尔医学奖的艾利克斯·柯瑞尔博士曾说："不会应对忧虑的商人，大多数会英年早逝。"然而，在日常生活中，并没有太多的人关注这个问题。可以说，医生在这方面是最有发言权的，而且他们的观点是不谋而合的。食物不会引起胃溃疡，那些折磨人的忧虑才会引起胃溃疡。

在美国南北战争即将结束的那段时期，大卫将军亲身经历了一些故事。

当时格兰特将军率领的军队围攻里士满已经长达九个多月，守卫里士满的李将军所带领的整个军队士气涣散，身心疲惫，士兵们几乎到了衣衫褴褛、食不果腹的地步。有的士兵们开始痛苦地在帐篷里开祈祷会，甚至有的士兵看到了种种幻象。士兵们都意识到战争快要结束了，他们开始放

火烧毁里士满城里的棉花及烟草仓库、军火库，然后趁着烟雾升腾之时连夜弃城逃跑。格兰特将军乘胜追击，分别从左右两侧和后方夹击南部联军，命令骑兵队阻绝补给线。

由于剧烈头痛而眼睛半瞎的格兰特将军无法跟随大队部，就在一家农舍住了下来。他在那里度过了一个夜晚，将双脚泡在加了芥末的冷水里，而且还将芥末药膏贴在自己的两个手腕和后颈上，希望第二天早上起来就不会头疼了。当然，只有格兰特明白，自己是因为忧虑、紧张和不安才引发了疾病。

第二天早上，一个骑兵带来了一封南方军队将领——李将军的投降信，格兰特马上恢复了健康，这当然不是芥末的功劳。事实上，直到那位送信的骑兵到达农舍时，格兰特依然感觉头疼。然而，就在他看完信，想到即将到来的胜利，他的病马上就不治而愈了。

如今，医学的发展已经达到可以控制细菌引起的疾病，诸如天花、霍乱、疟疾等曾经使无数人丧命的疾病。但是，至今医学依然没办法治疗因情绪上的忧虑、恐惧、厌恶、烦躁等引起的疾病。

究竟是什么导致了人们情绪上的疾病？我们无从知晓全部答案。不过，大部分的情绪疾病是源于内心的恐惧和忧虑。一个人内心的焦急和烦躁大多数无法适应现实社会，他们逐渐逃避周围的环境，将自己封闭到一个人的世界里。结果，在自我幻想的小天地里，他们备受忧虑的困扰。

1. 忧虑是健康最大的敌人

爱德华·波德斯基医生的《除忧去病》中写道：忧虑对心脏的影响；忧虑会诱发高血压；忧虑可能会导致风湿症；忧虑可能会导致胃溃疡；忧虑容易引起感冒；忧虑可以导致甲状腺；忧虑可以导致糖尿病。

2. 忧虑会导致关节炎

或许，没有人会相信，焦虑还能使人患上风湿病、关节炎，甚至使人

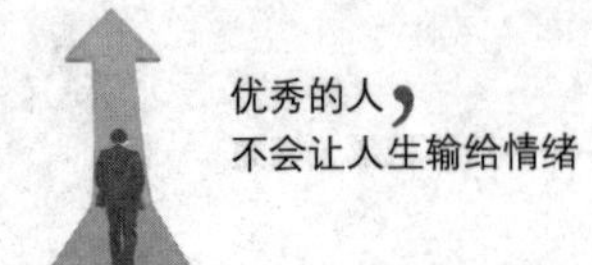

以轮椅代步。对此，作为世界著名的关节炎治疗权威者，康奈尔大学医学院的罗素·西基尔（Russell L.Cecil）博士就指出四种最容易患关节炎的情况：第一，婚姻破裂；第二，财富危机；第三，孤独和忧虑；第四，无法消除的积怨。

容易生气的人更容易生病

坏情绪不仅诱发乳腺癌，还是其他各种癌症的温床。只是对于女人而言，坏情绪更容易诱发乳腺癌。一个人总有七情——喜怒忧思悲恐惊，而喜悦的情绪会让人身心健康，而愤怒和忧虑对身体都会有不同程度的伤害。据专家介绍，乳腺癌的高发年龄应该是45~55岁，但近几年，20多岁的乳腺癌患者却不少见，其中很多都是职场女性，分析其高发诱因大致有三点，其中有一个重要原因就是情绪所导致的。“心”是情绪的主宰，它统领着人的喜、怒、忧、思、悲、恐、惊七种情绪。在生活中，每个人的身体里，都有一张关于情绪的图，如悲伤、失望、忧郁、痛苦、憎恶、恐惧等，这些都是异常的情绪表现，并且可能因为宣泄不畅而化作心火，影响女人的身体健康。

也许，我们平时也会注意到，当别人的情绪发生变化带来心理变化的时候，总会伴随着一系列生理变化的发生。比如，当一个人害怕的时候，他的瞳孔变大、口渴、出汗、脸色发白；当一个人处于情绪低落的时候，他会越来越厌恶自己，觉得穿什么衣服、怎么打扮都不顺心，然后就会发现自己头发喜欢出油、鼻翼出油、心烦冒汗，甚至下体分泌物异常或有味。

好莱坞女明星安妮拒绝被忧虑侵蚀，因为她认为忧虑会摧毁自己的美

貌，以至于毁掉自己的演艺事业。

安妮刚步入影坛时，既忧虑又恐惧，那时她才从印度回来，在伦敦举目无亲。她开始慢慢见一些制片人，不过都被婉拒了，而她仅有的积蓄也即将用光了。有一阵子，她仅靠着一点饼干和水充饥，整整挨过了两个星期。当时她所感受到的不仅仅是肉体的饥饿感，还有内心的恐惧感。

她站在镜子面前，对自己说：“你这个傻瓜，你除了有一张漂亮的脸蛋，还有什么呢？像你这样毫无经验，没演过戏的永远只能徘徊在电影的大门之外。”不过，当她认真地观察镜子里的自己，竟然发现自己开始苍老了，眼角有了皱纹，一脸的忧愁。难道忧虑已经在摧毁我的容貌了？于是，安妮对自己说：“你现在必须停止忧虑，你剩下的唯一资本就是容貌了，如果继续忧虑，总有一天容貌也没有了。”

对女人而言，没有什么比忧虑更能加速苍老的了，因为忧虑可以摧毁女人的容貌。当一个人满脸忧虑，愁眉苦脸，不仅表情丑陋，而且会使人咬紧牙关，脸上也会出现皱纹。严重者会加速头发变白，甚至脱落，而且忧虑还会引发脸部产生雀斑和粉刺等。

王女士在一家外企公司工作，经过几年的打拼，她现在担任了公司的重要职务。可是，在前不久公司部门来了一位年轻的同事小娜，小娜浑身洋溢着活力和干劲，并在很短的时间内就得到公司上下的肯定。王女士逐渐感觉到小娜的到来对自己所造成的严重威胁，似乎老板总是有意无意地在王女士面前提到小娜的能力，这让王女士的心情一度低落，同时，心里还憋着一肚子怨气。在这样的情绪状态下，王女士整天不能全身心工作，有时候，由于心里焦虑过度，还会在工作中犯些小错误。

或许，是因为工作上的不顺心，没想到，自己的身体状况也出现了问题。在最近的一段时间里，王女士总感觉自己的右侧乳房胀痛，前两天用手一摸还有肿块。在医院，医生为王女士做了相关检查，经过检查得知，原来

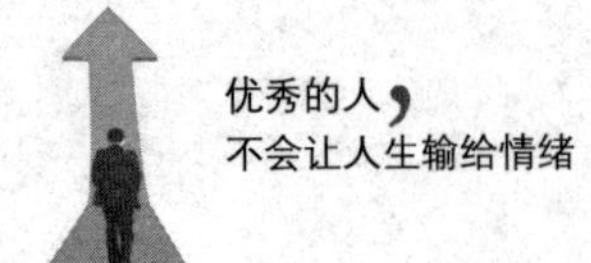

自己是患了乳腺小叶增生。王女士感到十分苦闷，那些不顺心的事情总是找上门。无奈之下，王女士向主治医生倾诉了自己的烦恼，没想到，医生只是奉劝一句：“首先，你莫要生气，这样对你的疾病才会有帮助。”

王女士百思不得其解，这病怎么会跟生气有关呢？医生对此做了详细解释：“其实，引起这种疾病的原因很多，但主要是内分泌失调或精神情绪有密切关系，其中，一个重要的因素是情绪不稳定、精神紧张、喜欢生气。当你的情绪总是处于怒、愁、忧等不良情绪状态时，就会导致乳腺小叶增生。”王女士明白了，向医生询问：“可是，我该怎么办呢？”医生建议：“保持心情舒畅、乐观是最好的办法。你要学会自我调节、缓解心理压力，消除各种不良情绪，要学会宣泄，不要将气郁积在心里，可以向家人、朋友倾诉，以排解心理压力。”

美国研究人员实验研究发现，精神压力会造成细胞和乳房组织的改变，这增加了女性患乳腺增生或乳腺癌的风险。而因为压力过大，就会经常出现坏情绪。女性压力过大、精神总紧张都会使身体的内分泌紊乱，同时女性性格也是一个关键的因素，过于内向，凡事闷在心里的女性，或者脾气过于急躁，易怒的女性也同样会干扰到内分泌系统，增加患乳腺癌的概率。

医学专家明确指出：不同的坏情绪对应着不同的生理变化和身体疾病，坏情绪如同埋在身体里的一颗不定时炸弹，随时可能颠覆健康。尽管吸烟、酗酒、饮食不当会危害健康，其实，不良情绪对人体健康的影响更严重。相关统计显示，健康和长寿有 20% 来源于遗传因素，25% 来自周围环境的影响，5% 来自医疗条件，其余的 50% 完全掌握在自己手中。也就是说，我们的健康有 50% 是由自己的精神状态和选择的生活方式及习惯决定的。现代医学研究发现：各种疾病中，有 70% 的病属于身心疾病，也就是说，和人的心理情绪有直接关系。

1. 不要为明天而忧虑

威廉·奥斯勒博士曾说："生活在独立的方格中，不要为明天忧虑，只需要珍惜今天。"假如你真的这样做了，那就可以避免忧虑。"不会应付忧虑的人大多会英年早逝"，所以经常告诉自己，忧虑会损害自己的健康。

2. 尝试卡耐基的魔法方程式

如果你不希望生活中的那些烦恼困扰自己，那可以试试卡耐基的魔法方程式。首先，问自己，假如我无法解决自己的问题，那所能造成的最糟糕的情况是什么？其次，假如有必要的话，自己需要坦然接受最糟糕的情况，即便它没有发生；最后，既然你已经接受了最糟糕的情况，那就静下心来思考解决问题的方法。

第3章

小心警惕你的烦躁情绪——别让情绪失控毁了你

马克思曾说：“一种美好的心情比十副良药更能解除生理上的疲惫和痛楚。”一份好心情，就如同阳光雨露，能够使我们身心得到健康。坏情绪的积压，形成一种消极的心态，主要表现为容易生气、心情时好时坏，等等。事实上，我们应该多给自己一些阳光和微笑，学会做自己情绪的主人。

不要被负面情绪绑架

佛说：“烦由心生。”那么心呢？生活中，每个人不过是一个凡夫俗子，怎么会生出那么多的“负面情绪”呢？有什么值得生气的呢？一个人在生气时都有这样或那样的理由：受到不公正的待遇会生气，受到他人的辱骂会生气，受到朋友的欺骗会生气，等等。虽然，只要一个人还活着，他就免不了生这样或那样的气，但是，很多时候，我们只是“拿别人的错误来惩罚自己”，本来犯错的就不是自己，何必要生出那么多的气来？何故要抛弃开心呢？而且，生气既伤自己的身心，又会得罪朋友或身边的人。所以，学会为生活多增加一些阳光雨露，开开心心，不要被负面情绪绑架，因为充满怨气的天空是看不见美丽的彩虹的。

从前，有一个妇女，她心胸狭窄，总是为一些小事生气，每一次生气，她都没有办法控制自己。长此以往，这个妇女的脾气变得越来越坏，为了改掉自己的坏毛病，妇女向一位大师求助。见到大师，妇女就把自己的苦恼一股脑儿全倒出来，大师听了，一句话不说，就把妇女带到了一个封闭的柴房里，然后把大门锁了。妇女气得破口大骂，她一个人在漆黑的屋子里骂了很久，但是没有一个人来理会他。妇女骂累了，她想到自己无论骂多久都是没用的，她又开始哀求大师开门，但是，大师还是无动于衷。

后来，妇女沉默了，大师才来到了门外，问道：“你还生气吗？”妇

女回答说："我生气的是我自己，我真是瞎了眼，怎么会到你这种地方来受罪。"大师眼睛看着远处，说道："连自己都不原谅的人怎么能心如止水？"说完拂袖而去。过了一会儿，大师又来了，问道："还生气吗？"妇女回答说："不生气了。"大师追问："为什么？"妇女无奈地回答："气也没有办法呀。"大师点点头，说道："但是，你的气并没有真正消失，那气团还压在心里，爆发后将会更加剧烈。"说完，大师又离开了。

大师再次来到门前，妇女主动告诉大师："我不生气了，因为这根本不值得。"大师笑着说："还知道值得不值得，可见你心中还有衡量，还是有气根。"妇女不解，问道："大师，什么是气？"这时，大师打开了房门，将手中的茶水洒在地上，妇女想了很久，恍然大悟，向大师叩谢而去。

在大多数的时候，生气并不能真正解决问题，即使心中有气，问题也未必能够得到好转。而且，生气是一件不值得的事情，既然生气了还是不能解决问题，那何不怀着一份开心的心情来面对呢？在积极乐观的心态下，或许会对解决问题有良好的助推作用，同时，我们摆脱了"负面情绪"的打扰，重新获得了一份愉快的心情，这何尝不是一件美事呢？

哲人说："生命的完整，在于宽恕、容忍、等待和爱，如果没有这一切，即使你拥有了一切，也是虚无。"生活中本没有那么多的烦恼，而是生气太多，烦恼才会形成"气团"，从而使我们的生活不得安宁。如果你能仔细回想每一件事情，你会发现，原来上天也很眷顾自己，亲人一直陪伴左右，朋友也从未主动离弃。为什么一定要受坏情绪的绑架呢？

1. 对负面情绪置之不理

负面情绪是一种奇怪的东西，若是吞下去会觉得反胃；若你根本不在意它，那么，它会主动消失。如果你总是任由"负面情绪"横冲直撞，那么，乌云将笼罩整片天空；如果根本不在意它的存在，那么，美丽的彩虹会重归生活。人生的快乐是享受不尽的，哪里还有多余的时间去生气呢？在任

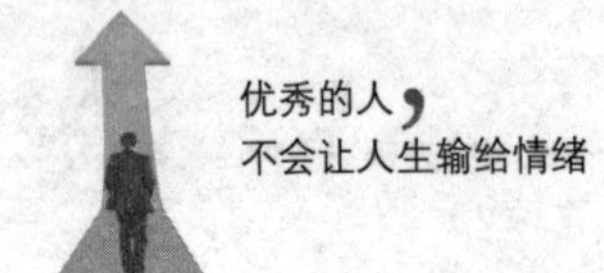

何时候，我们应该永远记住：生气是用别人的错误来惩罚自己。

2. 生气是用别人的错误来惩罚自己

德国哲学家康德曾说：“发怒，是用别人的错误来惩罚自己。”或许，别人的错误是应该受到惩罚，但并非一定要通过自己的生气来实现，而且，生气并不能达到惩罚他人的目的。既然错误在于别人，自己为什么要生气呢？

3. 生气毫无用处

难道自己发了很大的脾气，对方就能受到惩罚吗？结果恰恰相反，气得大哭，红肿的是自己的眼睛；气得一个人喝闷酒，伤害的是自己的身体；气得丧失理性，疯狂购物，挥霍的是自己的钱财。其实，这都是对自己的惩罚。而且，生气非但解决不了问题，反而会把问题弄得更加复杂。所以，面对他人有意或无意造成的错误，请学会开心，这样，生活的天空就会时常出现美丽的彩虹。

坏情绪就好像感冒一样会传染

著名作家大仲马说：“你要控制你的情绪，否则你的情绪便会控制了你。”对此，耶鲁大学组织行为教授巴萨德说：“有四分之一的上班族会经常生气。”如此看来，人们经常受到不良情绪的干扰，而且，稍有不慎，情绪就会成为我们的主人。有人这样形象比喻：“经常性的生气就好像不断地感冒一样。”在日常生活中，如果我们想要避免感冒的侵袭，通常的做法是防护自己的身体，这样，感冒的病毒就不会传染到自己的身上。负面情绪与感冒一样，如果我们没能做好预防工作，无可避免地会常常生气

或感冒。因此，为了不让坏情绪的毒传染到自己，我们应该做好一级防护。

爱德华·贝德福讲述了自己的经历：

在十几年前，在美国最著名的石油公司，有一位高级主管做出了一个错误的决策，而这个决策使整个公司亏损了200多万美元。当时，洛克菲勒是这家石油公司的老总，而我则是这家石油公司的合伙人。事情发生之后，我并没有前往石油公司，但是，我从侧面了解到，在公司遭到巨大经济损失后，那位主要责任人却一直在躲避洛克菲勒，企图躲过一劫。我感到事情不好处理，怀着对那位主管的责难心情，我走进了石油公司的办公室。

当我走进洛克菲勒的办公室，正看见他在一张纸上写着什么，或许是听到了我的脚步声，洛克菲勒抬起头，向我打招呼："哦，是你？我想你已经知道我们公司的损失了，我思考了很久，但是，在叫那个高级主管来讨论这件事情之前，我做了一些笔记。"我点点头，心想，应该计算一下那位主管所造成的经济损失，这样才有说服力。我走了过去，看了看那张纸，顿时，我惊呆了，那张纸上居然写着那位高级主管的一系列优点，其中，那位主管还曾三次为公司做出过正确的决策，于是，洛克菲勒在后面备注了这样一句话："他为公司赢得的利润远远超过了这次损失。"

看完了洛克菲勒所记载的那些，我感到十分不解，向他质问道："难道你打算原谅那位让公司损失200万美元的家伙？你对此难道不感到生气吗？"洛克菲勒并没有理会夹杂在话里的怒气，他笑着回答："难道你觉得这样不合适吗？听到公司损失的消息之后，我比你生气，当时就决定解雇这位主管，但是，当我平静下来以后，发现事情并没有如此糟糕，经济的损失可以通过下次再赚回来，而优秀员工的失去则是不可挽回的。"当然，那位主管最后并没有受到任何责备，我心中的怒气也消失得一干二净。

这件事情对爱德华·贝德福的影响非常大，以至于后来他在回忆这件事情的时候，还忍不住发出了这样的感慨："我永远忘不了洛克菲勒处理

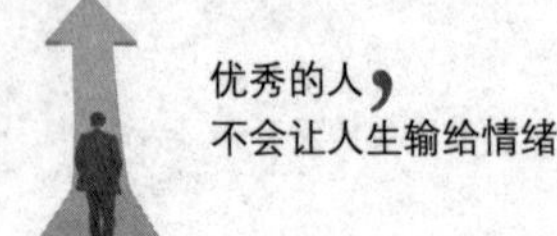

这件事的态度，它影响了我以后的生活，我不再轻易生气，甚至，面对怒气，我已经做好了一级的防护工作。”这一点并不假，所有贝德福下面的员工都可以做证，在这件事以后的时间里，贝德福的脾气出奇地好，几乎没有情绪波动的时候。

生气，是一个人由于自己的尊严或利益受到伤害而产生冲动的情绪，并且这样的状态很难一下子就冷静下来。对此，心理学家认为，生气是人的弱点，所谓的大胆和勇敢，并不是动辄生气，而是学会思考，学会克制自己内心的冲动情绪。

1. 学会冷静思考

阻止不良情绪的蔓延，就如同抵制感冒的侵袭，我们应该增强自身抵抗能力，善于思考，努力使自己变得平和，这样，即使情绪怒气冲冲而来，我们也能将它阻拦在外，冷静处理事情。当然，为了避免怒气的蔓延，我们所需要做的防护工作主要在于学会思考，冷静使自己在怒气来临时变得平和，这样我们才能有效地避免盲目冲动。

2. 不断地设想这件事的好处

如何才能做到冷静思考呢？对此，爱德华·贝德福这样说道：“每当我克制不住自己冲动的情绪，想要对某人发火的时候，就强迫自己坐下来，拿出纸和笔，写出某人的好处。每当我完成这个清单时，内心冲动的情绪也就消失了，我能够正确看待这些问题了。这样的做法成为我工作的习惯，在很多次，它都有效地制止了心中的怒火，逐渐地，我意识到，如果当初我不顾后果地去发火，那会使我付出惨重的代价。”贝德福有这样的习惯，其实是得益于自己早年所经历的一个故事。

负面情绪，往往会催生出失败者

有人说：“人的一生的历史就是一部同消极情绪做斗争的历史。”似乎这句话有点夸张，但是，如果你仔细一想会发现，这话有一定的道理。从另一个方面说明，克服内心的消极情绪对我们的人生成功具有重要的意义。当然，如果我们总是容易生气，任由负面情绪不断膨胀，那么，本来应该成功的我们也有可能会发挥失常，这是相辅相成的道理。

可能，对于大多数足球迷来说，2006年的世界足球杯并不陌生，当时，法国与意大利队进行决赛。在加赛的最后10分钟，由于受到对手的挑衅，法国著名球星齐达内突然情绪失控，用自己的身体冲撞对方的球员，由此，他得到了一张红牌，让自己的足球生涯画上了句号，还导致了法国队的失败。对于我们来说，负面情绪是一个致命的阻碍，尤其当我们即将获得成功的时候，我们会在负面情绪的影响下发挥失常。所以，任何时候，我们应该及时疏导自己的情绪，化解“负面情绪”，这样我们才有可能赢得最后的成功。

1965年9月7日，在美国纽约举行了世界台球冠军争夺赛。当时，闻名世界的台球选手路易斯·福克斯十分得意，胸有成竹，由于自己的成绩遥遥领先于其他选手，只要正常发挥，自己便可登上冠军的宝座。

谁料，就在路易斯·福克斯准备全力以赴拿下整个比赛的时候，却发生了一件令自己意想不到的小事：一只苍蝇落在了主球上。刚开始，路易斯并没有在意，他只是挥手赶走了苍蝇，然后就俯身准备击球。可是，当路易斯的目光落到主球的时候，他发现那只可恶的苍蝇又停留在了主球上，路易斯皱着眉头赶走了苍蝇。这时，细心的观众发现了这一现象，不时发出阵阵笑声，大家都饶有兴趣地看着路易斯的一举一动，路易斯摇了摇头，再次俯身准备击球的时候，那只苍蝇好像故意与自己作对似的，它又落在

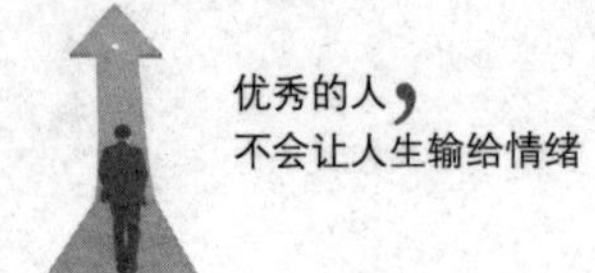

了主球上。

就这样，路易斯与那只苍蝇一直周旋着，观众的笑声一浪接着一浪，似乎并不是在观看台球比赛，而是看滑稽表演。此时，路易斯的情绪显然恶劣到了极点，当那只苍蝇再次落在主球上的时候，路易斯终于失去了理智和冷静，他气得用球杆去击打苍蝇，却一不小心碰动了主球，对此，裁判判他击球，路易斯因此而失去了一轮的机会。

在这场比赛中，约翰·迪瑞是路易斯的对手，本来，约翰认为自己已经注定了失败，但是见到路易斯被判击球，约翰不禁信心大增，连连过关。而在台球桌的另一边，路易斯在愤怒情绪的驱使下，连连失利，最后，约翰获得了世界冠军，路易斯失败了。

不过是一只小小的苍蝇，却击败了一个世界冠军，在愤怒情绪的驱使下，导致路易斯发挥失常，最终与成功失之交臂。我们在扼腕叹息的同时，不仅为此感到震惊。这就是愤怒情绪所积压成“气团”的力量，它可以将我们阻拦在成功大门之外。

在大不列颠战争中，英国故意轰炸了德国的柏林，这一行为使得希特勒非常生气，一气之下，希特勒开始把攻击对象从天空转移到陆地，对各大城市进行大规模的轰炸。然而，轰炸并没有对英国造成重大的损失和人员伤亡。相反，英国很好地利用了这一契机，并重新更新了雷达系统，这样一来，德国人的生气实则减轻了英国机场的压力。试想，如果当时希特勒能够克制生气的情绪，那么他就很有可能打赢这场战争。

1. 别让负面情绪干扰内心的宁静

生气就像一只乱飞的苍蝇，让我们内心失去原有的宁静，这样，我们有可能会对问题的判断失准，从而做出一些难以挽回的举动。所以，在生气的时候，要慎重考虑，否则将会带来一些不必要的麻烦，甚至会导致整个计划的失败。

2. 谨慎负面情绪的连锁效应

每天，只要生活在这个世界，我们就会面对许多情绪，情绪似乎主宰了我们的一切，有人这样说道："一切争吵都是从情绪开始的，一切纷争都来源于情绪。"其中，生气往往会引起强烈的反应，郁积成"膨胀"的负面情绪，甚至有可能产生连锁反应，最后导致"火山"爆发。

3. 叫停、想一想、再去做

在距离成功越近的时候，到了生气时该怎么办呢？最好的办法就是让生气的情绪停下来，让"负面情绪"消失，以一种平和的心态追逐成功。如何克制内心的愤怒情绪？对此，心理专家向我们支招："叫停、想一想、再去做，这三个步骤，是避免陷入怒火的最好方法。"

坏脾气的人，情绪常常失控

脾气，是日常生活中经常碰到的普遍心理现象之一。当然，一个人的脾气有好有坏，有的人脾气坏，遇事冲动，对一些不顺心或自己看不惯的事情，常常容易生气或怄气，经常与人争吵，说出一些使人难堪的话，影响正常人际的交往。相反，脾气好的人，无论到哪里，都会受到欢迎，大家都喜欢与他合作、共事。有人对此做过一项调查，发现：绝大多数的青年男女在选择配偶时，都把脾气好作为要求条件之一。即使在生活中，我们也明白，在一个家庭或小单位里，如果有一两个脾气不好的人，常常会使这个家庭或集体不和谐。另外，坏脾气对我们的身体也有害，试想，一个动不动就生气的人，他的心脏会经受得住刺激吗？所以，克制自己的情绪，将坏脾气化成挑战力，为自己加油！

从前，有一只坏脾气的乌龟住在水池里，另外有两只大雁经常来水池里喝水，一来二去，坏脾气的乌龟和两只大雁成了好朋友。

后来，有一年干旱了，水池里的水干涸了。乌龟没有办法生存，只好决定搬家，正巧，两只大雁又飞来了，三个好朋友闲谈了起来，乌龟得知两只大雁将要去南方生活。它心中一动，想不如跟着大雁一起去南方生活吧。可是，自己不会飞，怎么办呢？乌龟将自己内心的想法告诉了好朋友大雁，聪明的大雁找来了一根树枝，让乌龟咬着中间，两只大雁各执一端。飞行之前，两只大雁嘱咐乌龟："千万不要说话，一说话就掉下去了。"说完，就扇动翅膀向蓝天飞去了。

大雁飞过了翠绿的田野，飞过了蔚蓝的湖泊，地上的孩子看见了，觉得这个组合很有趣。有孩子拍手笑起来："你们看呀，那只乌龟很滑稽啊。"乌龟本来还扬扬得意，听到孩子这样的嘲笑，心中大怒，想开口责骂那些调皮的孩子，可是，嘴刚一张开，它就掉了下去，摔到一颗大石头上死去了。一只大雁扇动着翅膀，叹气说："坏脾气是多么不好呀。"

乌龟最终因为自己的坏脾气而丢了性命，在现实生活中，我们也常常因为坏脾气而伤了和气，破坏了和谐关系。总而言之，坏脾气不仅令自己苦恼，而且会给身边的人带来伤害。一个人的坏脾气，常常与娇生惯养、过分溺爱或得不到家庭的温暖，父母要求过于严厉有关，另外，人生道路的平坦或坎坷，对脾气也会产生重大影响。虽说一个人的脾气、性格有稳定性的一面，但并不是说其脾气、性格是固定不变的，所以，坏脾气是可以改变的。试着将坏脾气化作挑战力，努力改变自己的坏脾气。

有一个男孩很任性，经常对别人发脾气。一天，他的父亲给了他一袋子钉子，并告诉他："你每次发脾气时，就钉一颗钉子在后院的围墙上。"第一天，这个男孩发了 37 次脾气，所以他钉下了 37 颗钉子，慢慢地，男孩发现节制自己的脾气要比钉一下钉子容易些，所以，他每天发脾气的次

数就一点点地减少了。

终于有一天，这个男孩能够控制自己的情绪了，不再乱发脾气了。父亲告诉他：“从现在起，每次你忍住不发脾气的时候，就拔出一颗钉子。”过了很多天，男孩终于将所有的钉子都拔了出来。父亲拉着他的手，来到后院的围墙前，说：“孩子，你做得很好，但是现在看看这布满小洞的围墙吧，它再也不可能恢复到以前的样子了，你赌气时说的伤害别人的话，也会像钉子一样在别人心里留下伤口，不管你事后说了多少对不起，那些伤痕都会永远存在。”

在生活中，每天可能都会发生一些不如意的事情，但是，这并不会成为我们发脾气的借口。当自己想要发脾气的时候，应该做的第一件事是尽量让自己平静下来，以理智的眼光去看问题，思考到底出现了什么事情，而不是乱发脾气，任由坏脾气爆发。

每一次发脾气说出的话语、做出的行为，都像那一颗颗被钉子钉出的小洞，再也不可能恢复到以前的样子了，那些伤害会像钉子一样在别人心里留下伤口，不管事后说了多少对不起，那些伤痕将会永远存在。这就是不良情绪给我们身边人带来的最大伤害。

1. 看别人不顺眼，是自己修养不够

对于坏脾气的人来说，看到别人总是感觉不顺眼，事实上，心理学家告诉我们：看别人不顺眼，是自己修养不够。一个人的优雅关键在于控制自己的情绪，坏脾气的人习惯于用嘴伤人，实际上这是最愚蠢的一种行为。对于任何事情，我们都不要任由坏脾气而轻易否定，因为存在即有其合理性。

2. 坏脾气，坏处多

现实生活中，许多人在生气或愤怒的时候，经常是脸红脖子粗，恨不得把自己心里所有的消极情绪都发泄出来；一到消沉的时候，就一蹶不振，自暴自弃，刻意贬低自己。这几乎是坏脾气的人的共同表现，事实上，坏脾

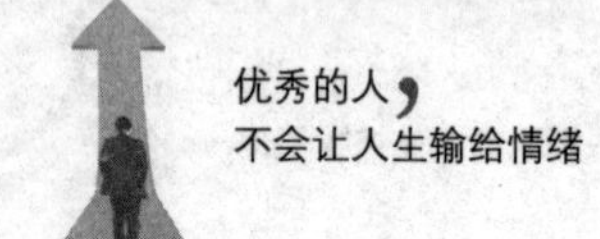

气带给我们生活的影响远不止这些。所以，尽可能地克制住自己的激动情绪，让人与人之间的关系变得和谐而自然。学会换位思考，或者直接置身事外，将坏脾气化作挑战力，为自己加油呐喊！

别让压力助长坏情绪

一位公司白领这样说："最近工作压力大，感觉自己脾气也越来越大，老想发火，尤其是每天回家坐地铁，十分拥挤，每次都会与站在身边的人发生冲突，我也不想这样，但是，那些怒气就是忍不住外蹿。"在日常生活中，我们常常发现这样一些容易生气的人：有为生计奔波的小贩，高企工作的白领精英，女老板，等等。可能，从表面上看，他们似乎并没有共同点，但是，我们仔细观察，就会发现，在他们身上有一个显著的特点：压力比较大。无论是生存压力，还是工作压力，对一个人的情绪都有着重要影响，一旦压力来袭，情绪就会恶劣，容易生气、烦躁，似乎看什么事情都不顺眼，内心的情绪积压过久，总想痛快地发泄一番。因此，那些给自己压力越多的人，心中的怨气往往越多。

据一项社会调查发现，那些生活、工作条件良好、受过较高程度教育的城市人，他们对生活的满意度远远不如农村人，来自生活和工作的压力让他们的生活质量大打折扣。近些年来，城市人的脾气似乎越来越大，他们自己则常常感觉到紧张、焦虑、容易愤怒，甚至在悲观时有自杀解脱压力的念头。调查显示，同农村人相比，城市人工作的体力强度、时间都少于农村人，而且更注重健康的生活方式，但是，城市人的精神状况却显著差于农村人。同时，在调查中，个人工作稳定、收入有保障列为城市人平

日最关心的问题，对工作的极度关注使得许多城市人明显觉得工作压力影响到了个人健康。另外，城市的快速发展和工作的快节奏让许多城市人觉得自己似乎有点力不从心，60%左右的城市人对自己的工作状况并不满意，而且，来自家庭以及婚姻的压力也会让他们感到焦头烂额。

最近，小月代表公司接待了一个大客户，第一次见面会谈，小月就感觉这个客户太挑剔，不仅要求策划案完全按照他们的思路进行，而且严格要求了每一个细节。回到公司，小月忍不住向老板抱怨："这个客户太挑剔了，一个企划案竟有那么多的要求。"老板收起了笑容，板着脸说："小月，你总是嫌这个客户不行，那个客户不行，这怎么能谈成业务？这一次，你务必要拿下这个大客户，否则，你就直接到销售部报到吧。"说完，老板就头也不回地走了，剩下满脸苦恼的小月。

按照客户的要求，小月拟写了企划案，而且亲自检查了三遍，然后再交给客户，谁料，在会谈中，客户表示："这里还有几个小问题，你需要改改，为了美观，你最好重新写一份。"小月呆住了，重新写一份，之前自己可是花了一个星期，客户似乎看出了小月的心思："不好意思，不过，我们可以宽限时间，再等你一个星期。"告别了客户，小月几乎是一路发飙回来的。遇到一个出租车司机，因为司机没有听清小月报的地址，小月十分生气："你的耳朵干什么用的？老娘今天真是倒霉，遇到你这样一个傻傻的司机。"司机没有吱声，似乎对这样的乘客已经习惯了。就连进入公司大楼前，那个保安多看了小月一眼，小月也毫不客气地说："看什么看，不认识啊。"小月感到心中有个东西在不断膨胀，眼看就要爆炸了。

每天，我们都面临了诸多压力，有可能是事业不顺而造成的工作压力，有可能是感情不顺而造成的感情压力，还有可能家庭不和谐而造成的家庭压力，心理学家把这些压力统称为"社会压力"。社会压力对于一个人来说将直接转换成心理压力、思想负担，久而久之，就会成为心结。如果这

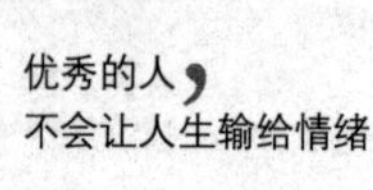

种压力长久以来得不到有效释放，就会越积越多，并产生出巨大的能量，最终它就像一座火山一样爆发出来，导致的结果是，人们的情绪大变，总感觉自己活得太累，每天都不开心，脾气越来越坏，严重者甚至精神崩溃，做出傻事。面对巨大的社会压力和心理压力，最重要的是自我调节、自我释放，当然，有合理而适度的压力，不但不是一件坏事，反而是一件好事。

对于我们来说，应该像高压锅一样，当压力不够时就聚集压力，让压力变成“煮饭”的动力；当压力过高时，就自动释放，这样压力就不会对我们造成伤害。那么，如何来缓解社会压力和心理压力呢？

1. 养成良好的作息习惯，营造良好的睡眠环境

在平日生活中，我们需要养成按时入睡和起床的良好习惯，稳定的睡眠，可以避免引起大脑皮层细胞的过度疲劳；注意调节卧室里的温度，睡眠环境的温度要适中；在卧室内可以使用一些温和的色彩搭配，这样，我们在一个良好的环境中自然能够放松心情，顺利进入睡眠，并保证良好的睡眠质量。

2. 放松精神，舒缓压力

我们需要缓解自身的压力，比如，在睡前可以进行适量的运动，听听音乐，或者是头部按摩运动来缓解压力；也可以进行短距离的散步。可以在睡觉前播放一些轻柔的乐曲，在入睡前按摩头部、面部、耳后、脖子等部位，这样可以使身心都放松下来，舒缓白天的社会压力。

3. 给自己的压力要适当

心理学家建议：适当的压力有助于我们激发更强的斗志，但是，正如任何事情都有一定的度，压力过大就会影响到正常的情绪。因此，在日常生活中，我们要给自己适当的压力，只要不是太糟糕的事情，我们应该学会忘记，这样一来，那些琐碎的小事就影响不到我们了。

第4章

要做一个内心柔和的人——远离嫉妒情绪

法国科学家拉罗会弗科曾说：“嫉妒是万恶之源，怀有嫉妒心的人不会有丝毫同情。”嫉妒是一种偏执的心理，喜欢嫉妒的人总是没办法正视别人的优点，比如对方的美貌，对方的才能，对方的家庭背景。如果用一句话来形容嫉妒，就是那句谚语：“好嫉妒的人会因为邻居的身体发福而越发憔悴。”

不自信的人更容易嫉妒

古人曰：“人有才能，未必损我之才能；人有声名，未必压我之声名；人有富贵，未必防我之富贵；人不胜我，固可以相安；人或胜我，并非夺我所有，操心毁誉，必得自己所欲而后已，于汝安乎？”嫉妒，是毒害纯洁感情的毒药，是吞噬善良心灵的猛兽，是丑化面容的黑斑，其气来源于你心中的狭隘与不自信。其实，嫉妒是无能的表现，因为自己不能达到对方的高度，无法获得对方的荣誉，只好用嫉妒心理来维护自己的自尊。培根曾说：“在人类的一切情感中，嫉妒之情恐怕是最顽强、最持久的了。”在众多心理状态中，嫉妒是一种心理病态，基于内心的狭隘和不自信，人们很容易产生嫉妒的心理，总觉得自己处处不如别人，埋怨上天的不公平。虽然，“嫉妒之心，人皆有之”，但如果这种心理的疾病不及时根除，那嫉妒就会越来越紧地束缚我们的内心，使我们的心灵透不过气来。

在《三国演义》里，有众人皆知的“诸葛亮三气周瑜的故事”：

赤壁之战结束后，孙刘两家均欲取荆襄之地，如此一来，才能全据长江之险，与曹操抗衡。刘备屯兵在油江口，周瑜知道刘备有夺取荆州的意思，便亲自赶赴油江与刘备谈判。谈判之前，刘备心中忧虑，孔明宽慰说：“尽着周瑜去厮杀，早晚教主公在南郡城中高坐。”后来，周瑜在攻打南郡时付出了惨重的代价，不仅吃了败仗，自己还身中毒箭，不过，周瑜还

是将曹仁击败。可是，当周瑜来到南郡城下，却发现城池已经被孔明袭取，周瑜心中十分生气："不杀诸葛村夫，怎息我心中怨气！"

周瑜一直想夺回荆州，先后与刘备谈判均无好的结果，这时，刘备夫人去世。周瑜便鼓动孙权用嫁妹之计将刘备诱往东吴而谋杀之，继而夺取荆州。没想到此计又被诸葛亮识破，将计就计让刘备与吴侯之妹成了亲。到了年终，刘备以孔明之计携夫人几经周折离开东吴，周瑜亲自带兵追赶，却被云长、黄忠、魏延等将追得无路可走。顿时，蜀军齐声大喊："周郎妙计安天下，陪了夫人又折兵！"这次，周瑜气得又差点昏厥过去。

过了一段时间，周瑜被任命为南郡太守，为了夺取荆州，周瑜设下了"假途灭虢"之计，名为替刘备收川，其实是夺荆州，不想再次被孔明识破。周瑜上岸后不久，就有大路人马杀过来，言道"活捉周瑜"，周瑜气得箭疮再次迸裂，昏沉将死，临死前还长叹："既生瑜，何生亮！"

莎士比亚说："您要留心嫉妒啊，那是一个绿眼的妖魔！"周瑜本聪明过人，才智超群，但却心胸狭隘，对于比自己技高一筹的诸葛亮耿耿于怀，心生嫉妒，最终落得个气绝身亡，怀恨而死。嫉妒是一种心理病态，宛如毒药，周瑜被嫉妒的心态所缠绕，最后，无异于自饮毒酒。他因嫉妒而死，我们不难发现，嫉妒之源来自两方面，一是心胸狭隘，二是对自己不够自信。试想，如果周瑜能够心胸开阔，对自己充满自信，也就不会英年早逝。

另外，我们可以清晰地发现，嫉妒心理是具有等级性的，也就是说，只有处于同一竞争领域的两个竞争者才会有嫉妒心理和嫉妒行为。通常情况下，人们只会嫉妒与自己处于同一竞争领域的比自己表现优越的人，而不会嫉妒与自己不在一个领域中的人。周瑜嫉妒诸葛亮，也是因为诸葛亮与他处在同一个领域，而且诸葛亮的能力比他强，而不会去嫉妒与他不处于同一领域的人，比如曹操、孙权。

曹丕嫉妒曹植，终留下了把柄："煮豆燃豆萁，豆在釜中泣。本是同根生，相煎何太急。”对自己的不自信，以及内心的狭隘，常常使我们的嫉妒心理越加严重，若不及时抽身而出，反而会被嫉妒所吞噬。古人曰：“欲无后悔须律己，各有前程莫妒人。”好嫉妒的人自私而狭隘，他们往往自大，总想高人一等，容不下比自己强的人，看到周围的人超过了自己，要么设法贬低对方，不然就陷害对方。那么，我们如何才能冲出嫉妒的黑网呢？

1. 不自私，不嫉妒

巴尔扎克说：“嫉妒潜藏在心底，如毒蛇潜伏在穴中。”嫉妒的人一定是自私的，而自私的人肯定是有着嫉妒心理的，原来嫉妒和自私犹如孪生兄弟，彼此不可分割。如果一个人的内心不自私，不存在狭隘的心理，那么，他是不会对他人充满嫉妒之心的。因为嫉妒，他不希望别人比自己优越；因为自私，他总是想剥夺别人的优越。喜欢嫉妒的人从来不说一句好话，因为他们狭隘的心里容不下别人的长处，他以说别人的坏话来寻求一种心理上的满足。在生活中，喜欢嫉妒的人是没有朋友的，一方面他把所有比自己强的人都视为敌人，另一方面瞧不起那些比自己弱的人。

2. 正确认识自己

对此，我们应该正确认识自己，看到自己的优点，尽早从病态的自尊心和自卑感中解脱出来，正视自己与他人之间存在的差距，与其嫉妒别人，不如学习对方的长处，这样，思想解脱了，心灵才会从嫉妒的黑网中解脱出来。所以，学会正视自己，扬长避短，努力冲破嫉妒的黑网，重新走向豁达广阔的天地。

别让嫉妒绑架了你的心

周国平在《论嫉妒》一文中这样写道："嫉妒是对别人的快乐所感觉到的一种强烈而阴郁的不快。在人类心理中，也许没有比嫉妒更奇怪的感情了。一方面，它极其普遍，几乎是人所共有的一种本能。另一方面，它又似乎极不光彩，人人都要把它当作一桩不可告人的罪行掩藏起来。结果，它便转入潜意识之中，犹如一团暗火灼烫着嫉妒者的心，这种酷烈的折磨真可以使他发疯、犯罪乃至杀人。"这似乎道出了嫉妒心的特点，实际上，在我们每个人身上，或多或少都会存在一些嫉妒心理，要想避免嫉妒心理，就应该学会正视它，只有正视自己的嫉妒心，我们才能挖掘出自己的"失败点"。

有一个人，他十分嫉妒自己的邻居。邻居越是生活得快乐，他就越是感觉到不快乐；邻居生活得越好，他就越是痛苦。每天，他都盼望着邻居倒霉，希望邻居家着火，或者是希望邻居得了什么不治之症，或者希望雨天打雷能劈死邻居家一两个人，或者希望邻居的儿子夭折……不过，令自己痛苦的是，每天看到邻居的时候，发现邻居总是活得好好的，而且还面带微笑与自己打招呼，对此，这个人的心里更加痛苦，恨不得往邻居的院子里扔一包炸药，把邻居炸死，但是，心中又害怕自己会偿命。就这样，他每天折磨自己，心中无比痛苦，身体也日渐消瘦，在他心中就像堵了一块大石头，吃不下，睡不着。

有一天，他决定给邻居制造点晦气，这天晚上，他在花圈店买了一个花圈，然后偷偷地给邻居家送去。当他走到邻居家门口的时候，却意外地听到里面有人在哭，这时，邻居正好从屋里走了出来，看到他送过来一个花圈，忙说道："这么快就过来了，谢谢！谢谢！"原来，邻居的父亲刚刚过世，

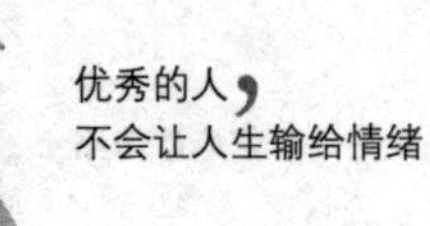

这人感到十分无趣，“嗯”了一声就走了出来。

由于内心的嫉妒，他将自己置于一种心灵的地狱之中，折磨自己，但是最后他却一无所得，只有内心无比地痛苦。嫉妒既害人又害己，对他人来说，嫉妒者本身的流言、恶语、陷害、造谣等，往往会给他人造成巨大的伤害；对自己来说，嫉妒伤身又伤心，嫉妒者把时光用在阻碍和憎恨别人身上，而不是潜心于自己的心灵修炼。所以，嫉妒不仅折磨嫉妒者本人，也危害那些被嫉妒的人，如果你心中常怀嫉妒之心，需要正视它，不断地反省自己，改善自己的品行。

在战国时期，秦国常常欺侮赵国。有一次，赵王派大臣蔺相如到秦国去交涉，蔺相如见了秦王，凭着自己的机智和勇敢，给赵国争得了不少面子，秦王见赵国有这样的人才，就不敢再小看赵国了，而回到赵国的蔺相如，当即被封为“上卿”。赵王如此看重蔺相如，这可气坏了赵国的大将军廉颇，心想：我为赵国拼命打仗，功劳难道不如蔺相如吗？他不过只凭着一张嘴，有什么了不起的本领，地位倒比我还高！廉颇越想越不服气，嫉妒心开始滋生，他怒气冲冲地说：“我要是碰着蔺相如，要当面给他点儿难堪，看他能把我怎么样！”

廉颇的这些话传到了蔺相如的耳朵里，蔺相如立即吩咐手下的人，让他们以后碰着廉颇手下的人，千万要让着点儿，不要和他们争吵。廉颇手下的人看见上卿这样让着自己的主人，更加得意忘形，见到蔺相如手下的人，就嘲笑他们，蔺相如手下的人受不了这个气，就跟蔺相如说：“您的地位比廉将军高，他骂您，您反而躲着他，让着他，他越发不把您放在眼里啦！这么下去，我们可受不了。”蔺相如却心平气和地说：“我见了秦王都不怕，难道还怕廉将军吗？要知道，秦国现在不敢来打赵国，就是因为国内文官武官一条心，我们两人好比是两只老虎，两只两虎要是打起架来，不免有一只要受伤，甚至死掉，这就给秦国造成了进攻赵国的好机会，你们想想，国家的事儿要紧，还是个人的面子要紧？”

蔺相如的这番话传到了廉颇的耳朵里，廉颇惭愧极了，想到自己的嫉妒之心真的是不应该。正视了自己的心理，廉颇毅然脱掉一只袖子，露着肩膀，背了一根荆条，直奔蔺相如家，廉颇对着蔺相如跪了下来，双手捧着荆条，请蔺相如鞭打自己，蔺相如却将廉颇扶了起来。从此，两人成了很好的朋友。

在蔺相如宽广的胸怀里，廉颇意识到自己嫉妒心的危害，正视了自己的嫉妒心，廉颇清醒地挖掘了自己的内心，做出“负荆请罪”的义举，最终，将内心那邪恶的嫉妒心扼杀在摇篮之中，从而赢得了一个朋友。面对嫉妒，应该承认它，接受它，因为当你抵制一种情绪的时候，往往会给这种情绪更多的能量；相反，如果你接受嫉妒这种情绪，你就能随意地看待它，停止给它提供能量，最终，这种坏情绪就会消失。

嫉妒心理是人的一种普遍心理，每个人都会无可避免地产生嫉妒心理，当然，嫉妒心理的出现也并不是不可避免的，我们可以将嫉妒心理所带来的危险系数降到最低，而在之前我们所需要做的第一件事就是“正视自己的嫉妒心”。

1. 好嫉妒的人无法容忍别人

好嫉妒的人，他们不能容忍别人的快乐与优越，在嫉妒心理的刺激下，他们会用各种方式去破坏别人的快乐与幸福，有的人会用流言蜚语来恶意中伤他人，有的人采用打小报告来排挤对方。好嫉妒的人，他们的心理既自卑又阴暗，几乎享受不到阳光的美好，也体会不到生活的乐趣。

2. 嫉妒是人性的弱点之一

嫉妒是人性的弱点之一，它是一种比较复杂的心理，包括了焦虑、恐惧、悲哀、猜疑、羞耻、怨恨、报复等不愉快的情绪。他们嫉妒的对象可以是天生的身材、美丽的容貌以及他人身上显露出的聪明才智。另外，一些社会评价的各种因素，诸如金钱、地位、荣誉等也会成为他们嫉妒的对象。

与其嫉妒，不如拼搏

不知道从什么时候开始，人们嘴里开始念叨着“羡慕、嫉妒、恨”，这样一种情绪竟然成为一句流行语。人们因为不满情绪的递增而强烈到不能自拔：羡慕是一种向往、崇拜，同时，它是嫉妒的萌芽，一个人对他人充满了嫉妒，其中肯定夹杂着羡慕的情绪；嫉妒是羡慕华丽的转身，当羡慕不能改变自己的现状，他人依然有着自己不能超越的能力，那样一种羡慕就会递增为嫉妒；恨，则是嫉妒的极限，它是由嫉妒心而延伸的，总见不得别人的好，心底就会对某人产生憎恨的情绪。“羡慕、嫉妒、恨”看起来更像是一种修辞，不仅强化了中心词“嫉妒”的表达效果，同时包含了嫉妒的来龙去脉，嫉妒，到底源自哪里，又将演变成什么。可是，“羡慕、嫉妒、恨”又能怎么样呢？那些我们不能改变的东西依然改变不了，无论是羡慕、嫉妒，还是恨，都只是我们自己的情绪表达，所伤害的其实就是自己，对他人增添不了多少烦恼。与其“羡慕、嫉妒、恨”，不如“努力、奋斗、拼”，化嫉妒为动力，如此这样，我们才能将嫉妒之心消灭。

从前，有个人饲养了山羊和驴子，主人总是给驴子喂充足的饲料，而山羊每顿只能吃得七八分饱。对此，嫉妒心很重的山羊对驴子说：“你一会儿要推磨，一会儿又要驮沉重的货物，十分辛苦，不如装病，摔倒在地上，这样便可以得到休息了。”驴子听从了山羊的劝告，摔得遍体鳞伤。主人请来了医生，为驴子治疗，医生说：“将山羊的心肺熬成汤药给驴子喝，这样才可以治好。”于是，主人马上杀掉了山羊，去为驴子治病。

这是《伊索寓言》里的一个故事，嫉妒心强的山羊对驴子怀恨在心，假装为其出主意，实际上却是想将驴子置于死地，但是，没想到，在充满仇恨的报复行为中竟然将自己也不小心“算计”了进去。如此看来，“羡慕、

嫉妒、恨”就如同一个无底的山洞，不仅埋葬了别人，同时也埋葬了自己。

小王和小李是大学同学，大学毕业后，他们进入了同一家公司。或许，在别人看来，这是多么奇妙的缘分，可对于小王来说，却是有苦说不出。原来，两人虽然是大学同学，却也是大学时代的竞争对手。在班里，小王是班长，小李是副班长，学习成绩彼此不相上下，如果小王在歌唱大赛中得奖了，那么，小李肯定会在诗歌朗诵中取得优异的成绩。在各方面，小李似乎都略胜一筹，这让小王感到大学生涯是多么的痛苦。另外，一方面，小王克制不了自己对小李的嫉妒心，每次只要听到小李有了什么成绩，小王心中就有一种深深的恨意。

上班第一天，小李友好地向小王打招呼，没想到，小王只是冷冷地看了自己一眼。小王暗暗下决心：这一次，我一定要超过你！可是，在第二天，小王就遭受了打击，小李被任命为经理助理，职位一下子提高了很多，小王忍不住说了句风凉话：“没想到，你还是跟大学一样，手段了得。”小李忍住心中的不快，笑着说：“你说话总是这样犀利，其实，你也可以的，不妨把对我的恨意化作动力吧！”小王呆住了，自己以前那么嫉妒、那么仇恨，可是怎么都没有改变，小李还是那么优秀。如果早将那种羡慕、嫉妒、恨化作努力、奋斗、拼搏，自己或许早就摆脱苦海了。

培根说：“人可以容忍一个陌生人的发迹，但绝不能忍受一个身边人的上升。”虽然，距离产生美，但是，近距离的接触却只会产生嫉妒。一个人一旦心生嫉妒，他就变得“卑劣”了，他会静静地待着，等着你出现错误，甚至开始处心积虑地为你制造出一些麻烦。事实上，有着强烈嫉妒心的人与“小人”没有实质的差异。一般的嫉妒，只会停留在心理层面上的“恨”，对他人并不会造成多大的伤害；强烈的嫉妒心，会促使他采用一切卑劣的手段来增加自己的高度。

阿部次郎在《人格主义》里写道：“什么是嫉妒？那就是对于别人的

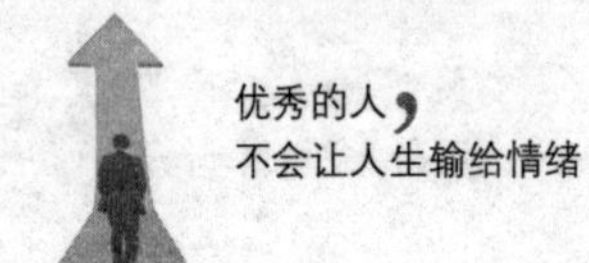

价值伴随着憎恶的羡慕。”嫉妒源自于羡慕，不过，彼此也有细微的差异：羡慕，是指看到别人有某种长处、好处或有利条件，希望自己也能获得同样的东西；嫉妒，是指看到别人拥有这些东西，产生情绪抵触，顿时心生恨意。“羡慕、嫉妒、恨”刻画了嫉妒的成长轨迹，羡慕只是嫉妒的表层，恨才是嫉妒的核心。

1. 嫉妒的憎恨是一种病态

歌德更是一句话道出了“嫉妒”与“恨”的关系，他这样说：“憎恨是积极的不快，嫉妒是消极的不快，所以，嫉妒很容易转化为憎恨，就不足为奇了。”其实，嫉妒心是人的一种本能，谁没有嫉妒过别人呢？只是，每个人嫉妒心的强弱程度不同，微弱的嫉妒可以激发人的进取心和竞争意识，这根本不算什么坏事；但是，如果一个人的嫉妒心过于强烈，整日里痛苦着别人的幸福，幸福着别人的痛苦，时间长了，就会陷入一种病态心理。

2. 将嫉妒转化为拼搏

嫉妒源于不如人，对一个人来说，若是被人嫉妒，这是一种精神上的优越和快感；嫉妒别人，只会透露自己的懊恼、羞愧，打击自信心。所谓“学到知羞处，才知艺不精”，当你嫉妒一个人的时候，是否意识到自己的短处呢？古人说：“临渊羡鱼，不如退而结网。”不要对他人产生“羡慕、嫉妒、恨”这样的情绪，而是化嫉妒为力量，自觉地将“恨”转化为“拼”，自强不息，让自己真正地进步！

何必与他人比较，做自己就好

吕坤说：“气忌盛，新忌满，才忌露。”嫉妒是一条毒蛇，它专门啃噬人的心，我们常常会说“羡慕”，却很少提及嫉妒，似乎总想掩藏内心的秘密。其实，嫉妒和羡慕本是同根生，在某方面别人有你所没有，别人能你所不能，羡慕和嫉妒就产生了。有人说，羡慕是嫉妒的华丽转身，羡慕中多了一丝向往，嫉妒中多了一丝怨恨。在日常生活中，我们常常会听到嫉妒的心声：“你看，隔壁的王先生多潇洒，楼下的阿松自己买了小车，对面的小张刚刚炫耀说又定了一套别墅，看看我们自己，还住在筒子楼，钱没钱，车没车，工作也不好……”俗话说：“人比人，气死人。”虽然，人与人之间的比较是一种常见的心理活动，但是，如果我们时刻用消极的心态去攀比，贪恋虚荣，不仅会在比较中迷失自己，心中也燃起了嫉妒的熊熊大火，早晚有一天，会因嫉妒之气而把自己气死。

在东南亚一带，流传着这样一个故事：

有一个人遇到了上帝，上帝对他说：“从现在起，我可以满足你任何一个愿望，但前提是你的邻居会同时得到双份的回报。”那人高兴不已，但是，他仔细一想：如果我要得到一份田产，邻居就会得到两份田产，如果我要得到一箱金子，邻居就会得到两箱金子，如果我得到一个绝色美女，那个看来一辈子打光棍的家伙就会同时得到两个绝色美女了。他想来想去，不知道提出什么要求才好，他实在不甘心让邻居占了便宜。最后，他一咬牙：哎！你挖掉我一只眼睛吧！

泰戈尔说：“孤独的花儿，不要嫉妒繁密的刺儿。”这个故事所反映的是东方式的嫉妒，如果人们在嫉妒的心理中循环，那么，生活中所有美好的东西都将变成嫉妒的陪葬品。由于狭隘、自私而产生的嫉妒是消极的，在比较心理下，嫉妒心会成为我们前进的绊脚石，使自己陷入痛苦的深渊，而无法自拔。其实，人生就是一道加减法，有得必有失，幸福和快乐是不可比较的，因为它没有止境，也没有具体的标准。如果你总是纠结于比较，那么，你永远都是吃亏的那一个，因为他们在比较时常常忽略了自己的幸福，我们应该懂得这样一个道理：比上不足，比下有余。

早上，王雯穿着新买的裙子去上班，心里别提多美了，心想：这身打扮应该会把办公室那群人给比下去，不知道多少人会称赞自己有品位呢。她一边想着，一边乐，忍不住对着公司大门的镜子整理头发。来到办公室，王雯还没来得及炫耀自己的新裙子，就看到一大群人围着李倩，嘴里发出阵阵赞叹声。王雯心中顿感不快，挤过去一看，原来，李倩今天也穿了新裙子，而且无论是款式还是质量，都在自己所穿的裙子之上。王雯看了一眼，满脸不屑，气冲冲地走了，身后传来同事们的议论："她总是这副样子，爱比较，比了又生气，真是搞不懂这个人……""可不是嘛，要我说啊，就是嫉妒心在作怪，每次都这样子，都已经习惯了"。

听了同事们的议论声，王雯的火腾地蹿起来了，她回过头，大声责问道："你们说谁呢？"同事们纷纷走开了，只留下脸红脖子粗的王雯。生气的王雯进了卫生间，对着镜子重新审视自己的裙子，越看越生气，一气之下，王雯拉着裙子的下摆猛地一扯，本来只是发泄心中的怨恨，没想到，新买的裙子居然被扯出了一条长长的口子。看着镜子中的自己，王雯气得哭了起来。

对于一些私心较重、心理欲望较高的人来说，他们时常会因为攀比把自己气得够呛，到最后，他们也不知道事情到底错在哪里。心胸狭窄的人，总喜欢以己之长比人之短，喜欢计较个人名利得失，越比较越是痛苦，感觉自己真的"吃了亏"或"运气不好"，甚至开始抱怨自己"生不逢时"。看到自己的朋友当了官、发了财，自己的心理就很不平衡，总想着之前他还不如自己呢，但是，他们却不去思考对方取得成功的原因。

对此，有人一语道破玄机："人活着就不能把金钱、荣誉、地位看得太重，其实，拥有 10 万元和拥有 100 万元的人没什么两样，都是一日三餐，无非他们是吃海鲜，我们吃虾皮；他们开奥迪，我们开奥拓。前面有坐轿、骑马的，后面有推车的，我们就是那中间骑驴的，比上不足，比下有余，所以，知足常乐吧，哪来这么多嫉妒。”

1. 弱者的思路是嫉妒，强者的出路是竞争

智者说：“弱者的思路是嫉妒，强者的出路是竞争。”当自己在与别人作比较的时候，为什么不试着改变自己的心态呢？以乐观积极的心态，化嫉妒为动力，鼓励自己不断前进，这样，我们才会越来越接近对方，嫉妒之心也会消失不见。而那些热衷于比较贪恋虚荣的人，早晚会把自己气死。在这个世界，没有绝对优秀的人，在我们身上总是有着这样或那样的缺点，在与他人比较的过程中，生出诸多嫉妒之气，在这时候，只有控制自己的情绪，如果任意妄为，越想越生气，心情就会自然郁结起来。

2. 不比较，自然没有嫉妒

在生活中，人们常常为钱而奔波，没有一个人会觉得自己赚的钱多，他们那种攀比心理、虚荣心理，逐渐将自己逼进一个无底的深渊。许多人有一份稳定的工作，拿着固定收入，但却与那些做生意发财的人相比，这样一比较，除了一丝羡慕全是嫉妒，心想：凭什么他们能赚那么多钱？！他们因此而常常抱怨生活，总是看这里不顺眼，看那里不顺眼，甚至将这样一种嫉妒、怨恨的心态推己及人，给身边的人带来极大的危害性。

无须嫉妒别人，做独一无二的自己

周国平说：“伟大的成功者不易嫉妒，因为他远远超出一般人，找不到足以同他竞争、值得他嫉妒的对手。一个看破了一切成功之限度的人是不会夸耀自己的成功，也不会嫉妒他人的成功的。”嫉妒，是我们为了竞争一定的利益，对相应的幸运者或潜在的幸运者怀有的一种冷漠、贬低、

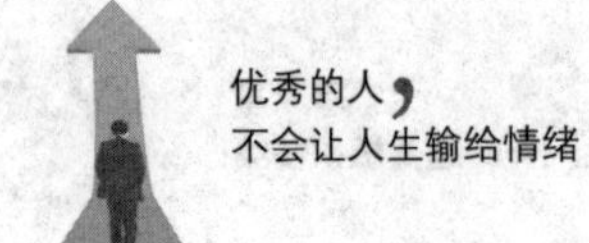

排斥甚至是敌视的心理状态。换句话说，嫉妒是由于他人胜过了自己而引起的消极情绪体验，当看到同事比自己有能力时，心里就会酸溜溜的，很不是滋味，不自觉就会对其产生憎恶、羡慕、愤怒、怨恨、猜疑等一系列的复杂情感。

一般而言，好嫉妒的人，不能容忍别人超过自己，害怕别人得到自己无法得到的名誉、地位，等等，因为在他们看来，自己办不到的事情别人也不能办成，自己得不到的东西别人也别想得到。然而，在这个世界上，每个人都是独特的，或许从某一方面来看，对方是比自己优越，但是在另一方面自己所拥有的却是对方未必能得到的。

从前，有一位贫穷的农夫，他有一位非常富有的邻居，邻居有很大一个院子，有一栋非常漂亮的房子，还有一辆漂亮的马车。对此，农夫对邻居十分嫉妒，心想：他一个人住那么大的房子，可我呢？一家五口挤在一个小草房里，上天真是太不公平了。每次遇到这位邻居，贫穷的农夫都会冷漠地走开，似乎这样一种姿态可以满足自己的自尊心。到了晚上，农夫就开始痛苦了，他翻来覆去就是睡不着，总想着自己能住上邻居那样的大房子，或者，他向上天祈祷，让那位富有的邻居变得像自己一样贫穷吧，不然，自己会被嫉妒之心折磨死的。

后来，村子里来了一位智者，据说他能为那些痛苦的人指引道路，从而让他们过上快乐的日子。农夫觉得自己也应该去看看，来到那里，发现人们已经排了很长的队伍，而排在自己前面不是别人，就是那位邻居。农夫感到很奇怪："这样一位富有的人也会感到痛苦吗？"过了半天，邻居进去了，农夫还在外面等着，可是，直到太阳下山，邻居还没有出来，农夫的嫉妒又开始了："上帝真是不公平，怎么智者就跟他说了这么多。"终于，邻居出来了，那位富人的脸上显露出从未有过的笑容。

农夫心中一动，急忙走了进去，智者说："你为何而痛苦啊？"农夫回答说：“我总是看我那位邻居不顺眼。”智者微笑着说：“这是嫉妒在作怪，你需要做的就是克制自己，想想自己所拥有的东西。”农夫十分生气：“智者啊，你怎么也那么偏袒呢？给我的邻居那么多忠告，却只给我简单的两句话。”智者说：“你一进来，我就猜到你是为什么而痛苦，是贫穷所带来的嫉妒，可是那位富人进来，我只看到他殷实的外在，看不到他精神的匮乏，详细询问了才知道他的症结所在。”农夫不解：“他也会感到不快乐吗？”智者说：“当然，虽然他比你富有，房子比你大，但是他只有一个人，而你呢？还有贤惠的妻子和可爱的孩子，现在，你想想，你所拥有的人是不是他所缺乏的？这样一想，你就不会痛苦了。”听了智者的话，农夫心中释然了，他感到快乐的日子离自己不远了。

农夫的嫉妒只会让自己远离了快乐，陷入痛苦的深渊，他所看见的都是某些方面，而忽略了自己快乐的因素。在这样的心理状态下，他会认为凡事都是邻居好，自己似乎什么都差劲，而经过智者的点拨，他发现原来在自己身上，还隐藏着一些宝藏，而这些都是那位富裕邻居所缺乏的，自己还有什么可嫉妒的呢？

有这样一则寓言：“猪说假如让我再活一次，我要做一头牛，工作虽然累点，但名声好，让人爱怜；牛说假如让我再活一次，我要做一头猪，吃罢睡，睡罢吃，不出力，不流汗，活得赛神仙；鹰说假如让我再活一次，我要做一只鸡，渴有水，饿有米，住有房，还受人保护；鸡说假如让我再活一次，我要做一只鹰，可以翱翔天空，云游四海，任意捕兔猎鸡。”

1. 清楚自己想要的

似乎风景都在别处，在生活中，我们总是不由自主地去羡慕、嫉妒别人所拥有的东西，嫉妒别人的工作，嫉妒同事买的新房，嫉妒别人的车子，可是，我们却忽略了一点，我们自己也有别人嫉妒的对象。所以，真的不用去羡慕、嫉妒别人，守住自己所拥有的，清楚自己真正想要的，我们才

会真正地快乐！

2. 别忽略自己的幸福

日常生活中，我们常常为那些不存在的东西而怨恨。有的人嫉妒邻居买了新房子，却忽略了自己有一个温馨的家；有的人嫉妒同事买了豪车，却忽略了有一个骑着摩托车的男友接自己上下班；有的人嫉妒朋友有美丽的外表，却忽略了自己温和的好脾气。很多时候，我们对他人产生嫉妒之心的时候，其实已经踏进了痛苦的陷阱，因为你已经忽略眼前的幸福。

3. 别人的风景并不一定适合你自己

别人所拥有的并不是适合你自己的，而我们所拥有的才是最好的，至少它能够长久地陪伴在我们身边。如果你总是舍弃自己，嫉妒他人所获得的东西，你会发现，自己什么也没有得到，反而徒增许多烦恼。所以，做最独特的自己，没必要心生嫉妒，因为你拥有的别人却未必能得到。

第5章

驱逐心底的怨气——换来内心的清净

一位著名的作家曾说："为小事而生气的人，生命是短促的。"相反，那些心胸旷达的人，他们的生命将是长久的，因为与大海相连，能够经得起生活中的暴风雨。心中的怒气不仅仅会危害我们的身心健康，还会不知不觉影响我们的运气，试想，一个经常怒气冲冲的人，怎么能获得成功呢？同样，他也不能赢得生活的幸福，因为幸福是怀着一颗感恩的心，只有那些心怀感恩的人，才能收获好运气，才有可能贴近成功。

抱怨似毒品，看似是宣泄却威胁你的生命

许多人喜欢抱怨，好似祥林嫂一样，见人就诉说自己儿子，逢人便哭诉自己的不幸，而且，久而久之形成了一种习惯。人们常常把抱怨当作一种宣泄的方式，由于内心苦闷积压太深，没有办法得到排解，于是，他们选择向家人或朋友“宣泄”，开始无休止地抱怨。对这样的情况，心理专家警告：“抱怨是毒品，远离抱怨，快乐地活在当下。”有人这样说：“抱怨看起来像毒品，只能获得暂时的快感，却能要了你的命。”的确，抱怨就是毒品，抱怨多了，抱怨的时间久了，自然就会上瘾，而且，最关键的是，抱怨还会伤害到自己的朋友和家人。

回想，可能每个人的生活都充满了太多的抱怨，甚至突然发现自己几乎成了一个“怨妇”或“怨夫”，有可能是生活中的一丁点不如意，就点燃了内心那些莫名的怒火和怨气，在抱怨的过程中，脾气变得越来越暴躁，内心越来越不安，心情越来越糟糕，整个人陷入了抱怨的恶性循环。往往是对一件小事的怨气会衍生到其他一些事情上，而对其他事情的抱怨又会导致更多的抱怨，自己的抱怨会招致家人和朋友的抱怨，而家人和朋友的抱怨又会招致自己更多的抱怨，如此无限循环，周而复始，最终我们的生命在抱怨声中画上句号。厄尔·南丁格尔曾说：“我们所拥有的一切都是自己造成的，可是只有成功者会这样承认。”或许，对于成功者来说，成

功的辉煌让他们主动承认这就是自己的功劳，相反，那些生活得十分糟糕的人，他们却不愿意承认一切都是自己造成的。既然是自己造成的，这有什么值得抱怨的呢？

有这样一则古老的寓言：

从前，有一个年轻的农夫，他平日的工作就是划着小船，给另外一个村子的居民运送自家的农产品。那会儿正值天气炎热，酷暑难耐的季节，年轻的农夫汗流浃背，感到苦不堪言。为了尽快完成工作，农夫心急火燎地划着小船，以便在天黑之前能返回家中。突然，年轻的农夫发现，在前面有一只小船，沿河而下，迎面朝自己快速驶来，眼看着这两只船就要撞上了，但是，那只小船却丝毫没有避让的意思，似乎是有意撞翻自己的小船。年轻农夫心中顿时有了火气，大声对那只船吼道："让开，快点让开！你这个白痴！再不让开，你就要撞上我了！"但是，农夫的吼叫却完全不管用，那只船还是义无反顾地向自己驶来，尽管农夫手忙脚乱地为其让开水道，但为时已晚，那只小船还是重重地撞上了自己。年轻的农夫被激怒了，他怒视对面的那只小船，但是，令他吃惊的是，那只小船上空无一人，而被自己大呼小叫、责骂的只是那只挣脱了绳索、顺河漂流的空船。

这个寓言故事给予我们一定的启示：再多的责骂、抱怨，也不能改变事情的发展方向。在一般情况下，当你极力抱怨的时候，尽管有人无私地当你宣泄的"垃圾桶"，但是，你所抱怨的事情决不会因为你的抱怨而朝好的方向发展。可能，每个人都希望自己成为世界上最幸福、最快乐、最幸运的那一个，对此，哲学家厄尔·南丁格尔说："我们会成为自己想象、思考的东西。"这样一来，我们应该以快乐、幸福以及幸运的心态去面对生活和工作，面对家人和朋友。有什么理由值得我们去抱怨呢？抱怨所导致的最终结果不过是使我们成为令人讨厌的人，没有人喜欢听我们的抱怨，即使是最亲的家人和朋友，因为谁也不想当一个"垃圾桶"。

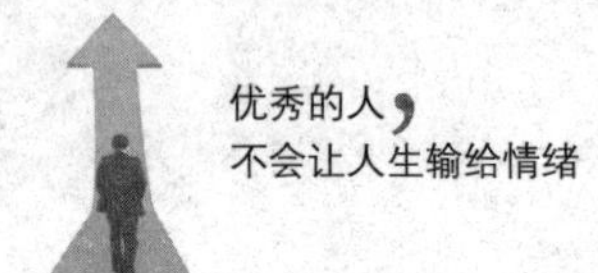

一位喜欢抱怨的女孩走进了心理咨询室，她刚坐下，就向心理医生抱怨："我十分痛苦，因为我发现，最亲密的人也不能包容我的脆弱。"心理医生好奇地询问："比如在什么地方，他不会包容你？"女孩满脸苦恼："我向他袒露自己的痛苦，他却一点都不理解，反而指责我，这令我非常痛苦，这样的爱情有什么意义呢，我真想分手。"心理医生继续问道："你男友说了什么话，最让你印象深刻？"女孩想了想，说道："他说受不了我的抱怨，说我总是看到事情消极的一面，却对积极的一面视而不见。"心理医生问道："那你知道你为什么喜欢抱怨吗？"女孩迟疑了一会儿，含糊地说："因为我有个抱怨的妈妈。"

心理医生对女孩说："那男友对你的抱怨的看法，像不像你对妈妈的抱怨的看法。"女孩点点头："是的，从小到大，我饱受妈妈抱怨的折磨，但是没想到我也像妈妈一样，成了一个喜欢抱怨的女人。"心理医生安慰道："那你再多说说对妈妈的抱怨的理解和感受吧。"女孩回答说："第一感觉就是烦，然后就想逃跑。小时候，我一听到妈妈的抱怨，就想努力去改变，希望能够消除妈妈抱怨的根源，但是，即使事情有所改变，妈妈还是会抱怨。那时候，妈妈总是抱怨爸爸不给钱，但是，后来我发现，妈妈似乎从来不主动找爸爸要钱，当时，我实在难以理解，妈妈抱怨所追求的到底是什么，似乎只是在追求抱怨似的。"心理医生点点头："你妈妈已经深陷抱怨的'毒'中，而你现在的状况也很危险，再这样抱怨下去，抱怨会成为你的一种习惯，并不断地伤害那些跟你关系亲密的人。"女孩内心充满了忧虑，但是，却不知道该怎么办。心理医生向女孩建议："正如你男友所说，试着去看到事情积极的一面，怀着一颗感恩的心，这样你就会慢慢改掉抱怨的坏习惯。"

有人说："抱怨就好比口臭，当它从别人的嘴里吐露时，我们就会注意到；但从自己的口中发出时，我们却能充'鼻'不闻。"想想自己身边那些喜欢抱怨的人，在他们身上似乎有着祥林嫂的影子，再回想自己的生活，自己是否也在抱怨呢？如果发现自己正陷入抱怨的泥潭，应保持警惕，一定要拒绝抱怨，快乐地活在当下。

一味抱怨只会在“痴心妄想”中失败

现代社会，我们常常听到这样的感叹：“如今的怨男怨女越来越多了！”对许多人来说，“怨气”是一种合情合理的情绪，当心中的怨气堆成了小山，如果不宣泄反而会憋得慌，似乎抱怨完了心里才会舒畅些。从心理角度说，抱怨就如同一剂镇痛药，但是，一时的抱怨是可以的，但永无休止的抱怨却是应该停止的。现实生活中，如果我们看什么都不顺眼，什么事情都觉得不顺心，常常抱怨过了头，这样就会让人望而生畏，甚至退避三舍。那些所谓的“怨男怨女”往往会在“怨声载道”中失败，在一定程度上说，他们对生活和人生的态度是不可取的，因为正是这种消极的态度导致了最后的失败。所以，不要做“怨男”或“怨女”，努力改变自己，以一种积极乐观的态度来面对生活，这样你才会有可能赢得成功。

任何人或团队要想成功，就需要停止抱怨，因为抱怨不如改变，以一份接纳批评的包容心，积极奋进，那么，成功离我们就越来越近。抱怨，其实是一种最消耗能量的无益举动，我们所抱怨的无非是自己的事，或者别人的事，或者上天的不公平，但是，这样的抱怨有效吗？那些抱怨自己的人，需要学会试着接纳自己；那些抱怨他人的人，应该试着将自己的抱怨化作请求；那些老是抱怨上天的人，应该学会祈求自己的愿望。如此一来，我们才不会被别人冠以“怨男怨女”的名称，而且自己的生活也会有巨大的转变，人生将会变得更加美好。

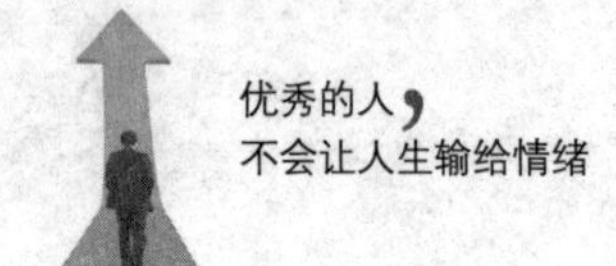

在公司，小丽与同事小丫常常自嘲为“怨妇二人组”，在整个公司里，她们是典型的“发泄型”人物。在平时工作时间里，或许是对工作这里不满，或那里不如意，小丽和小丫常常在办公室交流心得，小丽常常说：“小丫就是我发泄的对象，每次我抱怨完了之后，心里就会舒服一点，那些愤怒的情绪也变得平和起来。”小丫虽然知道抱怨是不对的，但还是忍不住继续下去，她说：“其实抱怨完了，工作和日子还不是照样过下去，什么都改变不了，看起来就像是阿Q的精神胜利法，但是，我已经上瘾了。”而且，小丽和小丫都有这样的感受，一旦自己开始抱怨，就会发现有更多想要抱怨的事情，于是，越“抱”越“怨”，最终，自己陷入了“抱怨轮回”。

小丫还发现自己抱怨来抱怨去总是那么几句话，心想：真是没意思，永远都是那么几句话。因为小丫常常挂在嘴边的话就是“累死了”，就在前不久的婚宴上，小丫穿着婚纱、几厘米的高跟鞋也不停地向朋友抱怨：“累死了，结婚真累！”直到小丽忍不住提醒她：“拜托，我的大小姐，你这是在结婚呢！”这样，小丫才闭上了嘴巴。

其实，小丽和小丫不过是众多“怨女”中的代表人物，她们宁愿每天像机器一样说着同样的话，却从来不想通过改变自己来改变生活，最后，她们逐渐陷入了一种“抱怨轮回”，反反复复，永不休止，“怨女”如此的表现似乎成为一种病态。试想，小丽和小丫整天在抱怨中度过，她们的工作能有多大起色呢？最终所面临的不过是一个失败的人生。

阿松来公司已经两年多了，他工作认真又比较细致，给上司和同事留下了较好的印象。可是，熟悉阿松的人都知道他有一个特点，那就是工作起来老是喜欢抱怨，牢骚发个不停。只要上司交给他新的工作任务，一回到了办公室，阿松就开始抱怨起来：“难度较大的工作就找我”“这么辛苦工作也不给我涨工资”“工作都干烦了”“等我以后做了老板……”虽然阿松喜欢抱怨，但每次抱怨完还是将工作圆满完成。不过，在同一个办公室，他抱怨起来，多少会影响同事工作的心情。

有一次，阿松正在电脑前边工作边抱怨，这时，上司正好走进了办公室，阿松一边打字一边抱怨："物价涨得那么快，一天工作累得够呛，工作还是那么点钱……"他根本不知道老板就在自己后面，身边的同事也不好意思提醒他，有个好心的同事咳嗽了一声提示他，阿松却没有领会，反而说道："你咳嗽啥，我说得不对吗？"他一抬头，才发现上司就站在自己旁边，场面极其尴尬，不过，上司什么话也没说就转身离开了办公室。

后来，有一些重要的工作上司也不再找他了，逐渐失去了对阿松的信任。前不久，公司准备提拔一个部门经理，论资历和能力，阿松是最合适的人选，但是，上司最后却将部门经理职位给了小李，虽然，小李在很多方面比不上阿松，不过，他勤勤恳恳，从来不抱怨自己的工作。失去了升职机会的阿松变本加厉，心理失衡，整天满腹牢骚，怨声载道，对工作态度也不如从前，上司对阿松有了很深的成见，最后，阿松不得不选择辞职离开。

在工作中，只有做好本职工作才能赢得上司的肯定与认可，也才会为后来的晋升和发展奠定基础，如果老是抱怨，牢骚发个不停，贪图一时口头之快，所形成的却是通往事业成功的绊脚石。所以，无论是在职场，还是在生活中，都不要做"怨男怨女"，努力转变自己，以积极乐观的心态来对待人生中的每一天。

抱怨并无意义，珍惜眼前的幸福

幸福在哪里？哲人说："幸福不需要刻意寻找，它就像一棵草，散布在葱绿的田野，到处都有。"或许，有人对此表示怀疑：真的是这样吗？

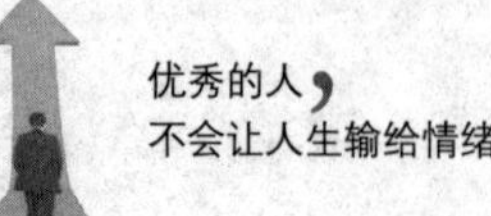

我怎么没有感觉到呢？那些没能幸运地感受到幸福的人，在他们心中充满了怨气，怨气的浓雾模糊了他们对幸福的感觉。幸福其实就在每个人的身边，时时刻刻环绕着自己，时时刻刻惠顾着自己，怎么会感觉不到呢？每天，我们能从母亲手中接过饭碗，吃上香甜可口的饭菜，内心感激有一个疼爱自己的母亲；坐在桌边读着朋友的来信，内心感激有一个难得的知心朋友；坐在阳光洒落的办公室，内心感激拥有一份自己喜欢的工作。这些都是我们眼前那稍纵即逝的幸福，如果不懂得感恩，心中必会充满抱怨：菜太咸了！朋友能出去旅行，而自己呢？每天辛苦工作，工资却少得可怜。怨气占据了一个人的心，幸福就会擦肩而过，所以，请珍惜眼前的幸福，用感恩驱走内心抱怨的雾气。

托尔斯泰说：“我并不具有我所爱的一切，只是我所有的一切都是我所爱的。”当一个人内心充满了感恩，那么他对生活就会充满了爱。而爱自己的生活，就一定会感受到幸福。人们常常身处幸福之中，却感受不到幸福，因为缺少了那份感恩之情。一位作家这样写道：“家庭也好，单位也好，部门也好，都是由一个活生生的人组成的，要实现整体的和谐，需要每一个成员的共同努力，最主要的是大家都应保持健康的心态，应常怀一颗感恩之心。”学会欣赏生活中一切美好的事物，对身边每一个关爱自己的人心存感激，慢慢地，你会发现自己的需求变得越来越简单，心态也越来越平和，你能够从那看似平淡的生活中捕捉到幸福快乐的因子。所以，一个懂得感恩的人才是心态端正、心理健康、心智成熟的人。

刚认识他的时候，小娜是一个刚刚毕业的大学生，他却是一个落魄的穷书生，虽然“大学老师”听起来很光鲜亮丽，但对于年轻的他来说，却是什么都没有，只有一间十几平方米的小屋。因为爱情，小娜还是选择了跟他在一起，朋友表示难以理解：“他什么都没有，你跟他在一起会幸福吗？”

小娜脸上洋溢着幸福和快乐，说道："但是，他陪在我身边，我很珍惜跟他在一起的日子。"

结婚后，他转行做生意，虽然满脸书生气，但在复杂的商海里，他却如鱼得水，应付自如，很快就成为一个成功的商人。小娜还是那张幸福的笑脸，在家里照顾孩子和他，一举一动都充斥着爱的气息。无论他晚上回来有多晚，小娜总是将热腾腾的饭菜端上，她明白在外应酬大多数时候都是喝酒，她担心他的胃。有时候，总有一些闲言碎语，说着公司那个美丽的女秘书，可小娜却笑着回应："应该感激有这样能干的秘书帮助他，我在家里也省心了。"这话被传到了公司，渐渐地，女秘书竟成了小娜的闺中密友。一转眼，小娜结婚也有十年了，有人问她幸福的秘诀是什么，小娜只是微微一笑，说道："幸福就是怀着一颗感恩的心。"

在西方流传着这样一句谚语："所谓幸福，是有一颗感恩的心，一个健康的身体，一份称心的工作，一位深爱你的爱人，一帮可信赖的朋友。"在这里，感恩是幸福之首，获得幸福的首要条件是拥有一颗感恩的心，懂感恩，你才会获得真正的幸福。有的人不懂得珍惜眼前的幸福，总觉得别人都是欠自己的，总认为别人对自己不够好，总觉得自己的生活不够完美，在抱怨声中，他们亲手毁了幸福。

在办公室，经常听到阿兰这样的声音："办公室工作，清闲倒是清闲，可没有什么油水，不像你们做业务的，一笔单子就相当于我干一年……""什么？你的年终奖有一万啊？凭什么你们公司这么大方啊？我跟你的工作差不多，可我的年终奖才不到三千，还是你们公司好，真大方……""你老公真有本事，都自己开公司了，唉，哪像我那位，只能是打工仔的命咯……"在同事看来，阿兰太喜欢比较了，远到以前的同学，近到现在的同事，她都要比一比，常常是絮絮叨叨地抱怨："比我强？凭什么？"

在公司，同事们都避开她，中午大家在食堂吃饭，只要是阿兰在场，

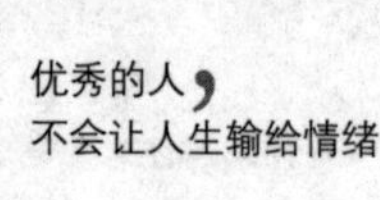

同事们都会主动谈起自己的倒霉事："哎呀，我昨天又丢了一张大单子，损失不小哇……"大家都觉得，若是谈论一些倒霉的事情，这样会相对降低阿兰的敏感度。时间长了，阿兰也知道了同事的用心，有时候，她也这样问自己："我只不过才工作一年，而且这份工作又稳定，衣食无忧，还有什么不满意的呢？"同事也经常安慰她："你看你，这么年轻就做办公室工作，多有福气……"逐渐地，阿兰懂得了感恩，开始珍惜自己眼前的幸福与快乐，那些比较、抱怨的声音越来越少了。

许多人都有这样一个特点：过分地去比较，而忽视了自身的价值。在日常生活中，他们所关注的是，谁又升职了，谁又买房子，谁又换车了，再想想自己的生活，却是一成不变，心里失去了平衡，抱怨就开始了。事实上，没有升职，没有房子，没有车子，我们依然可以幸福，幸福并不是建立在比较之上，而是珍惜眼前。所以，请珍惜眼前的幸福，用感恩的心驱走心底的怨气。

怨者无能易后悔，强者无怨亦无悔

成功只会垂青那些积极主动的强者，只要你敢于担当，勇于接受来自生活的挑战，那么任何艰难险阻都会变成坦途。对于一个强者来说，任何事情他们都会尝试着去做，因为敢于去做，到最后事情都会自然而然地变得顺畅。后来，他们会发现，那些原来让自己思虑重重的困难，竟然只是一件小事，根本不值得抱怨。真正的强者，从来不抱怨，他们总会把那些消极的想法从内心扫除，让自己的内心充满阳光、充满希望。相反，一个弱者、无能的人，他们的生活总是充满了抱怨，因为无力改变现状，或者是内心根本没有想要改变现状的意识，因此，他们除了抱怨，别无他法。抱怨者，既没有解决事情的能力，他内心充满了怨气，同时又特别容易后悔；强者，他们有着卓越的能力，在他们心中，没有怨言，因而，他们做任何事情都不会后悔，强者比抱怨者更接近成功。

现实生活中，我们会发现，人们总是欣赏那些积极主动的强者，同时，还会对其充满敬佩之情。可是，在这个世界上，真正的强者并不多，所以，世界上很少有成功的人。那些所谓的庸人呢？事实上，他们是因为自己而平庸，关键的是，因为不断抱怨而平庸。有的人动不动就说“这个社会怎么怎么样”“我简直是英雄无用武之地”，其实，说出这种话的人本身不是什么强者，因为强者绝不是这样的态度。面对人生的诸多不如意，我们都不要再抱怨了，抱怨只会让自己变得更加无能，而一个强者是不会抱怨这些的。强者往往是通过改变生活来解决问题，而弱者则是被生活改变，所以，弱者成了最后的抱怨者，强者却走向了成功。

罗斯福说：“未经你的许可，没有任何人能够伤害你。”有的人自己办不了事情，别人办了漂亮事，他还会到处抱怨：“其实我很有能力的”“他凭什么就能得到领导的重用啊”“这件事我会比他做得更好，可领导偏偏不找我嘛”。但是，真正的结果却是自己没有能力，心中才充满了抱怨。真正的强者，他所致力的是如何解决问题，如何完成这件事情，而不是去抱怨，所以，强者最后会在努力中赢得成功，而无能的人只能在抱怨声中销声匿迹。

有句话说得好：“多数人都想改造世界，但却很少有人想改造自己。”可能，决定一个人成功的因素会很多，但是如果你连自己都不想改变，你会是一个强者吗？许多人习惯抱怨社会，抱怨他人，抱怨自己，可是，有人会想过这是因为自己不够强大而遭遇的吗？一个人只有把自己定位在“弱者”的位置上，他才会觉得无法改变，从而变成一个抱怨者。可是，为什

么不让自己变得强大起来呢？努力改变自己，使自己变得强大起来，成为真正的强者，这样你就不会有任何怨言了。我们要记住这样一个道理：要想成为一个强者，必先无怨。

第6章

好脾气——帮你迎来好福气

在生活中，我们总能轻易地感染泪水和欢笑，烦恼和愤怒，所以，我们比较容易在各种情绪中迷失方向，甚至受到伤害。偶尔，会为一个玩笑而生气，开始用放大镜来放大自己的瑕疵，变得郁郁寡欢。当一个人的情绪被外界所左右，随之而来的便是人生坐标的偏移不定。智者们常常是“猝然临之而不惊”，所以，他们能够成就一番伟业，赢得一生的福气。

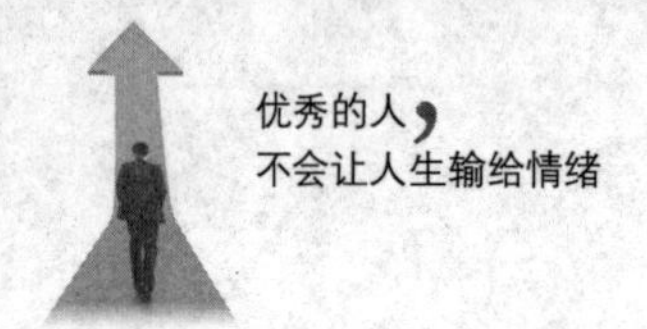

好脾气能帮你迎来好运气

一个人的魅力，除了外表，更需要有深层次的东西，那就是性格、气质和修养，而其中最重要的就是一个人的性格，即脾气，因为一个人的性格往往影响着其命运。在西方，流传着这样一句名言：“播下一个行为，收获一种习惯；播下一种习惯，收获一种性格；播下一种性格，收获一种命运。”对一个人来说，性格是左右其命运的重要因素和神秘力量，一个人脾气的好坏将直接影响其婚姻的美满、事业的顺利和生活的幸福，好脾气是人幸福一生的积极推动力。一个人的脾气越好，他的交际能力就越强，所建立起来的人际关系就越融洽，这使得他的事业、生活也容易取得成功，或许，你对此种观点不予赞同，但是，确实是这样，不生气的好脾气能帮自己迎来好福气。

一位太极师傅说：“要想练好功夫，首先要改好自己的脾气，因为脾气走了，你的福气也就来了。”坏脾气的人心中常有一股无名火，生活中稍有不如意之事，脾气就莫名其妙地爆发了。其实，在很多时候，脾气越坏，运气也越差，运气越差，脾气更坏，于是，一个坏脾气的人陷入了自己设置的情绪轮回之中。或许，人们真的忽略了“脾气与福气”的密切关系。在现实生活里，我们常常感叹：“真没福气，哪一件事情都没有顺着自己的意思。”可是，发完脾气后，你会发现，福气并不是由我们所控制的，只有控制了自己的情绪，才能迎来好的福气。所以，改掉自己的坏脾气吧，每天，对着镜子微笑，肯定自己，相信自己就是最棒的，通过这样一次次的练习，你会发现，本来暴躁的心平静了下来，心情也开朗了，改掉了自己的坏脾气，你会发现自己越来越有福气了。

王太太自认为是一个坏脾气的人，她常年在外面工作，这么多年来，她将在外面受的委屈和痛苦、遭遇的不顺和烦恼，一股脑儿地倾倒给了家人。有时候，母亲做的饭菜不可口，她都要嘟囔抱怨好半天，父亲没能帮她办成事情，她就对父亲黑几天脸，母亲心疼孙子多给了零花钱，王太太也会毫不留情地大声数落。

即使是面对朝夕相处的老公，王太太也没好脸色。老公拖地不干净，她会瞪大了眼睛斥责；老公应酬晚归了，她会堵在家门口教训他；儿子作业没认真写，她气得将孩子的作业本摔在地上；儿子成绩下降，拿着试卷，王太太就暴跳如雷。这么多年，家里似乎没有安宁的日子，王太太也疲惫了。

母亲常常对王太太说："你这孩子，人能干，心地也善良，就是脾气不好。"老公也说："你这人，一辈子全是脾气害了你！"孩子也多次表示抗议："妈妈呀，啥时候改改你那坏脾气，我就少流几次眼泪。"

坏脾气让王太太的家庭失去了原有的和谐与温馨，一般而言，坏脾气的人很容易与他人发生矛盾或争执，这对于本来亲密无间的关系无疑是一种威胁。有的人因为坏脾气失去了最爱的人，有的人因为坏脾气走上了不归路，足以见得，坏脾气给我们的生活带来的是晦气、灾难，坏脾气一旦来临，福气也就走了。

李先生刚刚在家里发了脾气，突然想起该理发了，于是，带着阴郁的脸色，他走进了一家理发店。李先生一边回想起刚才与老婆的争吵，心中越想越气，这时，理发师捋着他的头发说："你的头发很软，先生，你一定是好脾气的人。"李先生愣住了，自己怎么能算是好脾气呢？从小自己

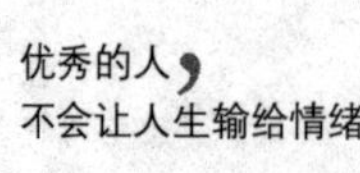

就是出了名的打架大王，常常因为一点点小事就跟人打架；在部队的时候，出于对战友的嫉妒，将对方的鼻子打出了血；就在三十岁的时候，还差点对一个同事动手了。想想，自己怒发冲冠拔拳相向的事情并不少，怎么会是一个“好脾气”的人呢？

李先生透过镜子看到那位理发师，笑了，活了大半辈子，才明白，好脾气是应该受到赞美的，是应该得到尊重的。于是，理发师建议李先生不要再理平头，而是把头发蓄起来换个发型，李先生想也没想就回答：“好的。”

或许，李先生的头发真的变软了，在他嘴里开始经常出现“好的”，以前，他与老婆的意见永远不可能一致，越吵心情就越不好，心情越不好就越吵，吵架简直成了家常便饭。不知道从哪天开始，李先生不再执拗自己的意见了，老婆说：“今晚炖条鱼来吃。”李先生会笑着回答：“好的。”过一会儿，老婆说：“今晚吃红烧肉。”李先生依然回答：“好的。”再过一会儿，老婆说：“好像这大鱼大肉都没啥好吃的，干脆炒个小菜算了。”李先生回答说：“好的。”可是，快到吃晚饭的时候，还是不见饭菜，老婆说：“今天我不想做了，干脆到外面吃吧。”李先生依然好脾气地回答：“好的。”好脾气真的能带来好福气，老婆在李先生的好脾气下也自觉收敛了自己的脾气，彼此相敬如宾，感情日益深厚。

在漫长而美好的一生中，最重要的就是拥有好脾气，一个好脾气的人会在纷繁复杂的人际关系中寻找自己的一片天地，并能够在复杂的人际关系中应对自如、游刃有余。对于一个人来说，要想处理好与他人之间的关系，所依靠的并不是外在，而是你的脾气。在人际交往中，我们发现，那些最受欢迎的人无疑是好脾气的人，因为只有拥有好脾气，不悲不怒，才能与人建立融洽的关系。而且，你要相信，不生气的好脾气能够帮我们迎来源源不断的好福气。

情绪由心而生，亦由心来主控

心理专家说："其实每个人都生活在自己的围城里，巨大的竞争压力使人们渐渐忘记了自我欣赏和肯定，进而迷失了寻找自我意识的目标和方向。"其实，快乐是一种由心而生的乐观心态，它来源于人们克服困难的勇气和对生命归宿的信仰。同样的道理，情绪也是由心生，同时也是由心来控制。那么，我们将如何调整情绪，给自己 份快乐的心情呢？当然，快乐的资本并不在于财富的多少，而是与人们信念、家庭、自我价值感和个人情绪有关，好心情是个人愿望达成之后的积极态度体验，因此，合理的期望将直接决定着快乐的程度。情绪大多源于人们看待事物的方式，一旦理解上出现了问题，往往会产生不正常的情绪反应，从而导致情绪不佳。事实上，情绪由心而生，亦由心来主控，所以，别生气，争做情绪的主人。

有一个小女生从小生长在孤儿院，她的情绪时常很坏，会悲观地问院长："像我这样没人要的孩子，活着究竟有什么意思呢？虽然，每次我都不想这样去想，但是，坏情绪就像一个魔鬼，它总是纠缠着我，让我的情绪变得很坏，我该如何摆脱它的束缚呢？"每次，院长总是笑而不语。

有一次，院长交给女孩一块石头，对她说："明天早上，你拿这块石头到市场上去卖，但不是真卖，记住，无论别人出多少钱，绝对不能卖。"第二天，女孩拿着石头蹲在市场的角落，发现不少人对她的石头感兴趣，而且，价钱越出越高。回到孤儿院，女孩兴奋地向院长报告情况，院长笑了笑，吩咐她明天拿到黄金市场上卖。在黄金市场上，有人出比昨天高十倍的价钱来买这块石头。

后来，女孩又将石头拿到宝石市场上展示，结果，石头的身价又涨了十倍，可是，女孩怎么都不卖，人们将那块石头都视为"稀世珍宝"。女

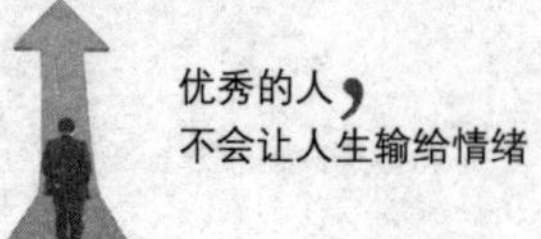

孩高兴地捧着石头回到孤儿院，向院长问道：“为什么会这样呢？”院长望着孩子缓缓说道：“生命的价值就像这块石头一样，在不同的环境下就会有不同的意义。一块不起眼的石头，由于你的珍惜而提升了它的价值，竟被视为稀世珍宝，你不就像这块石头一样吗？只有自己看重自己，珍惜自己，生命才有意义。其实，这就跟你的心态和情绪是一样的，只有你改变了心态，你的情绪才会好起来，这样，你才能掌控自己的情绪。”

如果自己都不看重自己，不珍惜自己，别人为什么会看重你呢？生命的价值往往取决于自己的心态，而一个人的情绪将取决于你自己的心，这就是所谓的“情绪由心生”。有人说：“桥下熙熙攘攘的船不过只有两条，一条是名，一条是利。”船尚且如此，更何况是人呢？在现实生活中，许多坏情绪是我们内心滋生出来的。人们往往为名所累，因欲海无边而算计，为生计而忙碌奔波，他们常常因为这样或那样的事情而生气，灰心丧气、情绪失落、患得患失，其实，生命苦短，怎能让苦恼常相伴呢？

1.情绪和心态

对于每个人来说，要想保持身心健康，情绪需要调节，心态则需要摆正。在一定程度上，情绪和心态是成正比的，当你心态消极的时候，你的情绪一定没有办法变好；反之，当你心态积极向上的时候，你的情绪将时刻处于平稳的状态。哲人说：“要么你去驾驭生命，要么是生命驾驭你，你的心态决定谁是坐骑，谁是骑师。”最快乐的人并不会觉得一切东西都是最美好的，他们只是满足于自己所拥有的一切；最快乐的人并不会觉得人生就是一帆风顺的，而是用积极的心态来面对生活。

人生并非只有愤怒和无奈，因为情绪是可以由我们自己去把握和调控的，情绪是人生的控制塔，一个人有什么样的心态，其情绪就会随之而变化。所以，在一定程度上说，情绪与心态是相同的，有乐观心态的人，他们的情绪大多时候都会处于平静状态；有悲观心态的人，他们情绪大多时候都会处于抑郁状态。但是，一个人无论多么有能力，如果不能改变自己的心态，不能调节自己的情绪，那么，他就什么事情都做不成。良好的心态能产生巨大的力量，有了它，我们就能把握自己的命运，从而实现人生的理想。我的心情我做主，要想做情绪的主人，首先我们得需要良好的心态。

2. 改变心态

有两位老太太，在生命的最后旅程里，一位选择坐在家里，足不出户，颐养天年；一位开始学爬山，并在 95 岁高龄登上了日本的富士山，打破了攀登此山年龄的最高纪录。一个人要想主宰自己的人生，就必须培养自己的良好心态。而且，心态是可以改变的，放下消极的心态，以积极乐观的心态重新面对人生，你会发现生活其实很美好。

3. 调节情绪

在漫长的人生路途中，我们会遭遇许多事情，比如感情上、学习上、工作上，等等。但是，无论是困难还是挫折，不管是忧伤还是沮丧，这都不是最可怕的，只要我们能够及时调整情绪，勇敢地面对它，那么，最后的胜利是会属于我们的。

汉姆嗜酒如命，有好几次都差点没命了。有一次，他在酒吧里看到一个不顺眼的酒保，当即就杀了他，因而被判了死刑。汉姆有两个女儿，年龄相差一岁，其中，一个女儿染上了毒瘾，平日靠偷窃和勒索为生，同样也由于犯罪而进了监狱。可另外一个女儿却截然相反，她在一家公司担任经理，有着美满的婚姻和可爱的孩子，不仅没有吸毒，在她身上连不良行为都很难发现。

为什么同一个父亲，在完全相同的环境下长大，两人却有着截然不同的命运呢？在一次电视访问中，当记者问到造成她们现在状况的原因，两人回答却是惊人的相似："有这样的父亲，我还能有什么办法？"

在生活中，许多人认为有什么样的环境就会造就什么样的人生，其实，这并不是绝对的，因为情绪是由我们自己的内心所决定的。面对同样的父亲，一个女儿选择了自暴自弃，另一个女儿却选择了拼搏，心选择了不同的情绪，铸就了她们截然相反的人生。不过，心态与情绪偶尔也会互相牵制，当一个人有了良好的心态，才能控制其情绪，才能享受生活赋予的快乐和幸福。所以，不要让消极的情绪占据你的心灵，赶走忧虑和愤怒，在任何时候都应该保持积极乐观向上的心态，学会做情绪的主人！

理解他人的心情，才能掌控自己的心境

一般情况下，一个人在生气时是很难想到他人的，因此，他们很容易陷入愤怒情绪之中，无法掌控自己的情绪。其实，如果我们在生气时能够理解他人的心情，想到对方的处境，设身处地地为他人想想，有可能他真的不是故意的，自己的一顿责骂或许会毁掉他对未来的希望，这样一想，心中的怒火就会逐渐熄灭，从而有效地控制了即将爆发的情绪。可是，在现实生活中，大多数人在生气时只想到自己，他们总想到自己的切身利益受到了损害，或者，自己心中那口怒气咽不下去，因此，无论对方怎么样，他们还是照样生气、责骂，完全把对方当作自己情绪发泄的对象。事实上，有时候，他们真的是无辜的，你的生气与责骂会给他们的人生带来一些不好的影响。

在生活中，若是自己的自尊或切身利益遭到了伤害，我们心中总是表现得愤愤不平，生气、责骂，在一种失望、莫名其妙的情绪之后，使自己失去了平日那轻松的心境和欢快的情绪，从而导致心理失衡。另外，一个人在生气时由于冲动的情绪模糊了大脑的正常思考，只看到别人的短处，

从言语、行为上去训斥别人，最后会使人际关系越来越差。理解对方的心境，哪怕只是一句安慰的话，对方也能感到你莫大的宽容。或许，在平时我们习惯责骂他人的错误，尤其是当对方的错误对我们的生活产生不利影响时，我们的情绪会失控，当怨恨之情占据我们的心灵，责骂就会随之而来。但是，你仔细想想，责骂他人除了让我们的情绪变得更加恶劣以外，同时还深深地伤害着对方，导致双方关系留下难以愈合的疤痕。

王先生是一位试飞员，他常常在航空展览中做飞行表演。有一次，他在北京航空展览中表演完毕后飞回广州。在飞行途中，在空中三百米的高度，飞机的两个引擎却突然熄火了。由于王先生技术熟练，他操纵了飞机着陆，但是飞机严重损坏，幸运的是没有人受伤。

在飞机迫降之后，王先生第一件事就是检查飞机的燃料，正如他所预料的，他所驾驶的螺旋桨飞机，竟然装的是喷气机燃料而不是汽油。回到机场以后，王先生要求见为自己保养飞机的机械师。那位年轻的机械师为自己所犯的错误感到十分难过。当王先生走向他的时候，年轻机械师羞愧得泪流满面，自己造成一架非常昂贵的飞机的损失，差一点还使三个人失去了生命。

王先生心中十分生气，但在看到年轻机械师的那一瞬间，王先生改变了主意，心想：这位年轻的机械师在过去的工作中是多么认真啊，他的前途是不可估量的，如果仅仅因为这次小失误就责骂他，有可能会对他的一生造成难以弥补的影响。于是，王先生并没有责骂那位机械师，也没有批评他，相反，他用手臂抱住了那个机械师的肩膀，对他说："为了表示我相信你不会再犯错误，我要你明天再为我保养飞机。"

在生气的一刹那，王先生首先想到的并不是自己，而是理解了年轻机械师的心境，从而有效地控制了自己的情绪。在现实生活中，有的人太过于自我，他们总是想到自己的利益受了损失，哪怕对方只犯了一点点小小的错误，他们也抓着不放。而习惯于为他人着想的人，总是能够理解他人的心境，认为这或许不是对方的本意，或者只是对方一不小心犯下的错误。

在日常生活中，如果自己遭到别人的伤害，心中对他人充满了憎恨之情的时候，不妨做一次换位思考，假如自己处在这样一种情况，会怎样呢？当你身边的朋友或者与自己熟悉的人伤害了你时，你应该想想他平日在工作或生活中对你的帮助和关怀，理解对方的心情，以及他对你的一切好处。这样，心中的怒火、怨气就会消失不见，就能以坦然的态度去谅解别人的过错或消除彼此之间的误会。其实，理解对方的心情，对我们自己也是有益处的，因为在这一过程中，我们掌控了自己的情绪，做了情绪真正的主人。

空虚的人，总会让“怨气”钻空子

塞涅卡说：“人类最大的敌人就是胸中之敌。”在现代人的字典里，“空虚”这个字眼所蕴含的重量似乎越来越重，许多上班族都有这样的经历：“我有工作，但是，一天什么事情都不想干，总是提不起精神，面对着电脑，也不知道自己要做些什么，真不知道以后的日子该如何走下去，心里空虚得要命。”空虚，是一种消极的状态，不能明确自己的目标，不知道今后的路该怎么走，更重要的是，在这样的心理状态下，怒气很容易“钻”空子。他们常常因为自己的胡思乱想，而把怒火撒到其他人身上，而且，还自认为生气是很有道理的。可是，生气之后，他们浑然忘记自己到底为什么生气，难道就是为了摆脱心里的空虚吗？所以，如果你是一个空虚的人，需要时刻警惕，不要让自己掉入怒火的陷阱。

在生活中，人们往往存在着不同的心态，有的人乐观，有的人却悲观，乐观的人情绪平和安静，而悲观的人很容易受情绪波动的影响。其实，空虚本身就是一种悲观的心态，空虚的人很容易陷入自我休眠中，因为找不到前方的路而迷失了自我。心中没有前进的方向，没有心灵的归宿，因而，他们总是花很多的时间和精力来想一件事情，哪怕只是一件微不足道的事情，他们想着想着，也能想出愤怒的情绪来。心的无力感让他们感觉到诸多不安的情绪，在很多时候，他们自己也很想从空虚感中摆脱出来，可是，越是空虚，越是容易生气，越是生气，越感到前途渺茫。在这样的情绪循环中，情绪越来越汹涌，并渐渐主宰了他们。

小杨和男朋友相恋一年多了，可是，这段感情一直遭到父母的反对，在这个气氛尴尬的夜晚，父亲在电话的那头生气地说道："你要是再这样下去，就永远不要回这个家了。"电话放下后，小杨心都凉了大半截，未来该怎么办呢？和男朋友分手，接受那个家人介绍的对象？坚持自己的选择，和男朋友远离家人？路有千条万条，可小杨就是不知道自己该选择哪一条。

白天，男朋友上班了，小杨一个人待在家里，总想找点事情做，可是，内心的那种无力感和空虚感袭来了，她觉得浑身都没劲，就想一直沉睡，至少睡着了谁也打扰不了。偶尔，思绪万千的时候，她也会想起与男朋友诸多的不合适，以及父母的担忧，越想心中越是焦虑，有时候，想着想着，她就暗暗下决心："今天晚上和男朋友说分手的事情，一定不能心软。"于是，等到男朋友回家的时候，小杨心中的怒气就上来了，尤其是看到某些自己不能认同的行为，小杨更是怒火中烧，大声斥责："我们结束吧，我不想继续了。"而且，这样的情景不是一次两次，而是多次，每次小杨独自一个人在家里，由于内心的空虚与混乱，总会胡思乱想，男朋友也感到很疲惫了，偶尔，他也会劝小杨："没事就出去透透气，不然，在家里迟早会闷出病来。"小杨的心里相当清楚，自己真的是由空虚而生气的，可是，有时候就是克

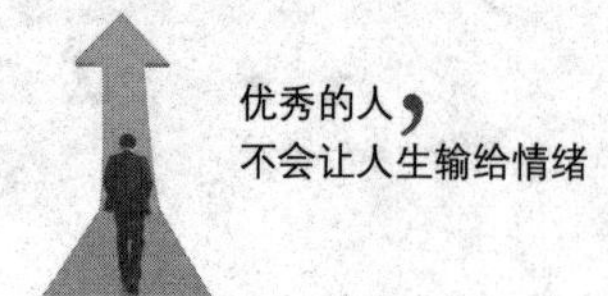

制不住自己，也不知道自己到底该怎么办？

小杨内心的空虚，总是让“怒气”钻了空子，结果，好端端地生了那么多气。在人生的旅途中，失败得失，恩恩怨怨，乃至空虚寂寞，始终伴随着我们。如果我们总是把这些伤心的话语、烦恼的事情、无聊的忧虑记在心中，永远留在心里，无疑于背上了沉重的包袱，套上了无形的枷锁，同时，也让郁积在心中的不良情绪有了可乘之机。

从心理学角度说，空虚是一种消极情绪。那些空虚的人，无一例外都是对理想和前途失去信心，对生命的意义没有正确认识的人。他们对现实消极失望，以冷漠的态度来对待生活，遇人遇事就摇头。有时候，为了摆脱空虚，他们会沉浸到另外一种空虚的生活中，漫无目的地游荡、闲逛，消磨大好时光，因此，空虚所带给我们的，是百害而无一利。那么，面对空虚，我们该怎么调整自己呢？

1．有理想

俗话说：“治病先治本。”空虚产生的主要源于对理想、信仰以及追求的迷失。知晓了空虚产生的根源，那么就要对症下药。树立远大的理想、拟定明确的人生目标，这就可以成为消除空虚的最有力武器。当然，这并不是说你树立了目标，空虚就被驱赶走了，而是当我们坚定地朝着自己目标前进的时候，空虚才会慢慢地远离我们而去。

2．提高心理素质

有时候，即使是两个人生活在同一个环境中，但由于心理素质不同，其结果也会不同。有的人遭遇了一点点挫折就偃旗息鼓，他们很容易就陷入了空虚中；有的人面对困难却丝毫不畏缩。所以，提高自我的心理素质，也能够将空虚及时地消灭，不给它进一步侵蚀心灵的机会。

3．保持一份热情

生活本身是美好的，主要是看我们以怎样的态度去面对它。对生活缺乏热情的人，他们心中只有空虚，以及百无聊赖的寂寞，而那些对生活充满了热情的人，哪怕是蓝天白云，高山大海，他们依然积极地去感受大自然的美丽。当那份热情填补了生活的空白，你哪还有精力和时间去空虚呢？

掌控小情绪，让自己享受多姿的生活

在日常生活中，我们会发现，那些懒惰的人脾气都有点坏，似乎用来干活的精力和时间都用在发脾气上了。结果，脾气是发了，可是事情还没有解决。当然，这也证明坏脾气的人动手解决问题的能力差，他们在任意妄为的时候，其实也错过了享受生活的机会。一位朋友这样介绍她的父亲："我爸爸脾气就特别不好，不仅如此，还很懒惰，偶尔，他会出去闲逛了一天，天黑才回来，如果我们什么都不说，他心情就很好；相反，如果妈妈说他两句，他就会黑着一张脸。"由此看来，懒人的脾气一定不会好，因为一方面他们既希望自己能享受自由自在的生活，另一方面，他们又想旁边的人为自己打理好一切，否则，心中就会感到特别生气。那么，要想获得一份好心情，我们要改掉懒惰的坏毛病，开始让自己享受多姿多彩的生活。

在隔壁，住着一位勤快的家庭主妇，令大家感到意外的是，她几乎从来不生气。有人对此感到奇怪，问她："你脾气真好，什么事情都能忍受啊。"

没想到，这位家庭主妇却说："其实，我有脾气，以前我又懒，脾气又坏，很让家人伤脑筋。后来，老公建议我一天做点事情，这样就没时间去生气了，可是，懒惰已经成为习惯了，想想为了改变自己，我开始做一些简单的家务活。这样一来，坏脾气还真没了，一天干活累了，哪有精力和时间发脾气呢，而且，把家里收拾得干干净净，看着心里也舒服，早把那些生气啊、

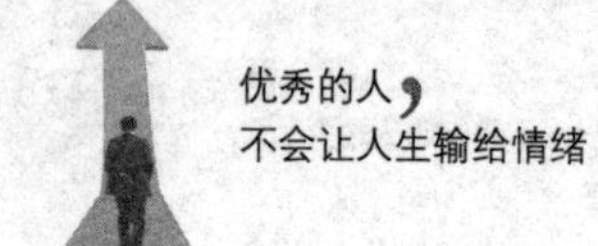

发火啊抛到脑后了。”

事实上，当我们变得勤快的时候，以前的坏脾气也就变成好脾气了。一个人过于懒惰，那么无论他的理想有多么伟大，他都不可能实现，因为懒惰的人是很难把理想付诸实际行动的。而且，如果一个人养成了懒惰的习惯，还会给自己的生活带来一些无法忽略的问题，正是由于这些问题的存在，一个人的成功会阻碍重重。不仅如此，懒惰还会影响我们的心理健康，懒惰的人不懂得打理自己，房间乱糟糟，饮食习惯很马虎，整个人和其生活的环境都给人一种混乱的感觉。试想，生活中在这样一个环境里，心情会好起来吗？看着乱糟糟的一切，心中躁动的情绪就会感到不安，随时都可能会爆发出来。另外，懒惰的人总不能将事情做得很好，试图占便宜，或者渴求天上掉馅饼这样的美事，如果自己的理想达不到，那么，怒火就会爆发出来，而天性懒惰的他们根本没有意志来自己干好这件事情。

小米在家里排行最小，因而受到了爸妈的宠爱，从小在家里就没干过什么活儿，而且脾气还很大。平时在家里，如果小米吩咐爸妈做的事情没有做好的话，小米就会摆出一张黑脸，不管爸妈怎么哄，她都不说话。

慢慢地，小米长大了，到了外地上大学，可是，她懒惰的毛病和习惯还是没改变。在寝室里，她的床铺是最乱的，衣柜里乱七八糟，哪怕是刚买的新衣服，看起来也是皱巴巴的，室友们在背后都议论她：“小米简直活脱脱 21 世纪懒人代表，这样的人还说不起呢，说她就要发脾气。”这话若是被小米听见了，那么寝室定会爆发一场战争。

有一次，室长终于忍不住了，她向小米善意建议：“小米，你的东西太乱了，有的脏衣服都有味了，你花点时间整理整理吧。”小米看了一眼，无奈地说：“我没有时间，就这样吧，再说了，那都是我的东西，惹到你们什么了吗？”室长有点生气：“你这人怎么这样呢？懒归懒，脾气还很大，真受不了，怎么会跟你这样的人住在一起。”小米也火了：“我怎么了？我还不愿意跟你住在一起呢，有本事你自己住一间啊，真是，还来说我了。”顿时，两个人吵了起来。这次吵架之后，小米的室友纷纷向辅导员请示“要么给自己换寝室，要么将小米调离寝室”。辅导员知道这个情况之后，把小米叫到了办公室，对她说：“小米，懒惰可不是一个好习惯哦，以前我也是一个懒人，脾气特别坏，后来我变得勤快了，心情也开朗了起来，因为在做事情的过程中，那些消极的情绪会被慢慢融化……”

小米的懒惰影响其情绪，因为什么事情都不愿意去做，自然余出了许多时间和精力，而发脾气就成为懒人的选择。因此，懒惰不仅是一个人成功的大敌，而且是我们不良情绪的源头。在充满困难与挫折的人生道路上，懒惰的人过着极为单调的生活，在他们的生活里，只习惯于等、靠、要，从来不想发现、拼搏、创造，最终，他们不仅错过了多姿多彩的生活，而且将一事无成。而且，懒人的脾气一定不会好，所以，如果你有懒惰的坏习惯，要尽早地克服它，让自己开始享受多姿多彩的生活，同时，也让自己告别坏脾气的纠缠。

第7章

学着把“闷气”吐出来——懂得善待自己

智者说：“一个快乐的人，不是因为他拥有很多，而是因为他计较得少。”喜欢生“闷气”的人，其实是跟自己过不去，要想获得久违的快乐，请学会善待自己，把心中的“闷气”吐出来，调整情绪，不要跟自己过不去。偶尔，听听音乐，放松自己；烦躁时做做运动，放纵自己；得意时平静心绪，修炼自己；失意时休养生息，淡化自己。只有善待自己，我们才会获得快乐。

心情不好时，懂得接纳并调整自己的心情

华盛顿·欧文说：“气度狭小就被逆境驯服，宽宏大量则足以把逆境克服。”因此，我们在生气时不要否认压抑成闷气，要懂得接纳并调整自己的心情。在日常生活中，我们常常会说到“发脾气”和“生闷气”，这两者之间有什么区别呢？发脾气，是指用语言、动作等显性行为将那些对某人或某事不满的情绪发泄出来，这是生气时的外在表现；生闷气，是指将那些不愉快的情绪压抑在心里，不外露，也就是赌气，其实，这就是生气时的内在表现。虽然从表面上看，无论是“发脾气”还是“生闷气”都是生气，但是它们的表现方式却大有不同。由于表现方式的差异，将直接导致其后果的不同性，或许，有人认为发脾气会伤了彼此的和气，但是，如果我们发泄的前提是为了对方好，伤了和气又怎样呢？大量事实证明，人与人之间的关系并不如想象中的和睦，如果有什么不开心的事情就一味地生闷气，对方就永远不知道你的真正情绪是什么，而且，生活中多一些吵闹也并不是一件坏事。

有一位被大家公认“好脾气”的人这样说道：“其实，每次看到令我感觉不好的人和事，我内心都相当地生气，但是我极力克制自己，不断告诉自己‘要保持自己的形象，千万不要发脾气’，结果，每一次我都忍耐了下来，可是时间长了，我发现，由于心中闷气的郁积，我的脾气越来越大，一点小事就可以让我的情绪变得无比激动，可又不好当面发作，常常是事情过去以后，我就气得砸东西。虽然我是公认的‘好脾气’，但是，好像我已经陷入了恶劣情绪的旋涡了。”也许，总有一天，这位“好脾气”先生会忍不住爆发，而到那时他自己也成为了闷气宣泄的陪葬品了。

小萌刚刚大学毕业，尚不懂得如何讨上司欢心、如何恰当处理同事关系，但是，当她找到了第一份工作的时候，父亲这样告诉她：“丫头，公司不比家里，在家里，我和你妈妈都会让着你，你生气了可以砸东西，大哭，甚至大骂，但是，在公司是绝对不行的，凡事需要忍耐，这样你才能赢得上司和同事的喜欢。”小萌点点头，踏着欢快的脚步走进了公司大门。

可是，两个月不到，小萌的脚步就变得无比沉重了。似乎自己在公司真的做得很好，大到公司老总，小到清洁阿姨，都对小萌十分喜欢，因为小萌的脸上时刻挂着笑容，从来不生气，从来不指责谁。同事都忍不住夸赞小萌：“你的脾气真好，刚才这件事明明是主管自己疏忽了，他那样责骂你，你还是笑着面对，换了是我，早就和主管对骂起来了。”小萌笑着点点头，心里在想：我的脾气也不好啊，当时，我就想拿着文件朝他脸上砸去了。可是，这毕竟是公司啊，不是在家里，这里不是自己撒野的地方。于是，在这样每天都需要伪装笑脸、强忍怒火的日子，小萌感觉很累，每次回到家里，小萌都忍不住发泄一番，心中的苦闷不知道向谁诉说。终于，在难忍之下，小萌拖着疲惫的身子走进了心理咨询室的大门。

其实，人生在世，我们难免会遇到一些不顺心的事情，哪怕是一家人，也免不了“锅碗碰瓢盆”，于是，有人会生点气、发发牢骚，这是很正常的。在生活中，看不惯某些人和事，偶尔闹点情绪，埋怨，指责，这都不足为奇。而最不能接受的一种状况是，不声不响将不满情绪憋在肚子里生闷气，而且，生闷气是一种极坏的生活习惯，不仅消耗自己的精力，而且会引发疾病，影响身心健康。在三国时期，周瑜一个人生闷气，结果白白断送了自己的性命，这说明喜欢生闷气的人能力不够强，不善于调节自己的情绪，在一定程度上缺少一些谋略。

当然，生气、发怒并不是一件坏事，毕竟人有七情六欲，如果总是强制压抑，这样怒气就会变成闷气，这样反而容易爆发崩裂。如果能够释放心中的怒气，发泄不满情绪，解除烦闷，反而使身心感到轻松愉快。在某些时候，该发脾气就发脾气，不需要压抑自己的情感，因为不适当的压抑，很有可能形成生闷气的习惯，结果会适得其反。不过，生活中的我们应该少生气，不能常生气，如果真的到了“怒不可遏”的地步，那就痛痛快快地发泄出来，这样有利于情感的释放，有益于身心健康。

现在，一些国外专家研究表明，发脾气比生闷气好。虽然，在大多数人看来，发脾气有损自己的修养和形象，似乎这是一件伤大雅的事情。但是，科学家却对此公布了一项研究结果：当人感到气愤而想发脾气时，如果能够即刻宣泄出来，会有利于自己的身体健康。其实，生闷气对我们的身体有极为严重的伤害：一方面，经常生闷气不利于心脏的健康；另一方面也会影响我们身体的免疫系统的正常功能，从而引起大脑内的激素变化。对此，专家建议，与其闷在那里自己和自己生气，不如宣泄心中不满情绪，懂得接纳生气的自己，努力调整自己的情绪，这样会更有效地减少外界环境对人所产生的不利影响。

心有闷气，倾诉是发泄的好办法

有了烦恼、怒气，若不及时宣泄，必然会变成闷气，因此，当自己愤怒时，或者闷气郁积的过程中，我们需要及时将那些不满的情绪宣泄出去。

当然，宣泄情绪的方式有许多种，而向他人倾诉是其中一种行之有效的方式。一个人生活在这个世界，必然构建了一定的人际关系，有我们的家人，有我们的朋友，有我们的老师，等等，这些都可以成为我们的倾诉对象。倾诉内心的烦恼，他们会为自己分担一些闷气的愁绪，彻底消除那些闷气的根源。可是，在现实生活中，许多人面对他人谈论自己的事情却是讳莫如深，无论自己多少烦恼，多么生气，也不愿向他人袒露，宁愿自己一个人死撑着。直到有一天因为闷气而爆发，朋友才惊讶：“原来他心中藏着这么多不为人知的秘密。”为了不让自己生闷气，学会倾诉吧，向自己的知己好友倾诉，他们会为你分担一些闷气的愁绪。

英国思想家培根说：“如果你把快乐告诉一个朋友，你将得到两个快乐。而如果你把忧愁向一个朋友倾吐，你将被分掉一半的忧愁。”分担是一件有趣的事情，可以让我们的快乐加倍，让我们的痛苦减半。当你发现自己被那些怒气缠绕，而且无力摆脱的时候，千万不要让它憋在心中，要学会宣泄情绪，学会向知己好友倾诉心中的烦恼，让自己摆脱闷气的缠绕。面对不良情绪，唯有主动释放，理智宣泄，否则后果将不堪设想。

快到凌晨了，李太太家里的电话铃声突然响了起来，李太太拿起电话：“喂，你是哪位？”电话里传来了一个妇女的声音：“我恨透了我的丈夫。”李太太感到莫名其妙：“我想，你打错电话了。”但是，对方似乎没有听见，依然继续说下去：“我一天到晚照顾两个孩子，他还以为我在偷懒，有时候我想出去见见朋友，他都不肯，自己却天天晚上出去，跟我说有应酬，鬼才会相信呢。”李太太打断了对方的话：“对不起，我不认识你。”那位妇女生气地说：“你当然不会认识了，这些话我怎么能对亲戚朋友讲，到时候肯定会搞得满城风雨，现在我说出来了，舒服多了，谢谢你。”随后，那位妇女就挂断了电话。

虽然，这位妇女的做法显得十分荒唐，但是，我们却从中发现，一个

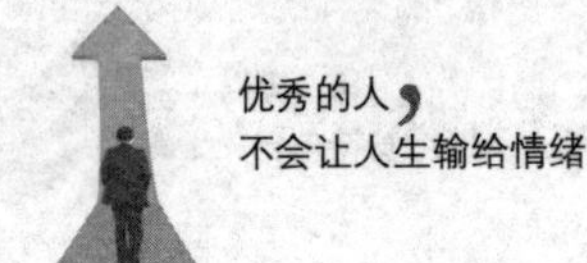

被不良情绪所困扰的人，他们其实很想把心中的忧愁和苦闷做一番倾诉，哪怕对方只是一个陌生人。在电影《2046》里，梁朝伟将自己内心的秘密对着一个树洞倾诉，不难发现，每个人都有一种倾诉的欲望。有时候，心中的烦闷可能是关于隐私之类的话题，那怎么办呢？事实上，我们应该明白，在任何时候，知己好友都是我们心灵的伴侣，在朋友面前，又有什么可丢脸的呢？当然，向朋友倾诉自己的烦恼，我们需要选择值得相信的朋友。朋友对于我们来说，无时无刻不在身边，只要我们需要他们，当自己遇到了不顺心的事情，可以拨打电话给朋友，向他们道出内心的烦闷，甚至可以在朋友面前发怒、哭诉，尽情宣泄心中的不良情绪。

李芳才三十岁的年纪，就独自经营了一家大型企业，或许，在旁人看来，李芳已经获得了人生的成功。可是，又有谁能知道李芳心中的苦闷呢？在李芳的家里，是属于男主内女主外的模式，老公在家带孩子，自己在外奔波辛苦。刚开始的时候，老公心中满怀愧疚，常常告诉李芳："老婆，你一个人太辛苦了，都怪我，没本事。"对此，老公对家里全身心地付出，包揽了家里所有的家务，不让李芳操心，这让李芳感到由衷的欣慰。可是，好景不长，时间久了之后，老公变得越来越懒，连家务都派遣给了保姆，整日游手好闲。如果李芳说他一两句，老公就会反驳："我一个大男人在家里多辛苦，出去放松放松，又怎样？"这时，李芳就住口不语，两人关系越来越恶劣。

每次回到家里，李芳都感到身心疲惫，满腔怒火，却找不到地方发泄。每到凌晨，老公还没回家，李芳就气得在家里砸东西，可是，发泄过后，老公回家了，李芳就像没事一样。这样，时间长了，李芳心中闷气越积越多，作为公司董事长，她又不好在员工面前发脾气，只能憋在心里。偶尔，想到朋友们，又不好意思开口，即使碰到朋友主动问道："李芳，最近有什么烦心事吗？怎么看你脸色不太好。"李芳也总是推托两句："没事啊，一切都挺好的，可能是工作太累了吧。”可是，没过多久，朋友就听闻了李芳自杀未遂的消息，大家都大吃一惊，怎么会这样呢？

有人说：“一个人如果有朋友圈子，就能长寿20年。”的确，向朋友倾诉内心的烦恼是排除不良情绪的有效办法。当自己有不良情绪出现时，有可能会越想越愤怒，越想越伤心，这时，若是约个朋友，将自己心中的郁闷之气尽情地倾诉一番，在朋友那里寻求支持和解答，从而获得一种心理上的平衡。俗话说：“当局者迷，旁观者清。”或许，那些对于自己来说不能解决的问题，在朋友的劝解之下，自己便会茅塞顿开，这样，心中的闷气就会得到最大限度的宣泄。对每一个深陷烦恼的人来说，朋友的倾听和理解才是最好的安慰剂，向朋友倾诉，不仅使郁闷情绪得到缓解，心灵得到沟通，而且，在倾诉的过程中还能增强友谊，分享快乐。

不要郁郁寡欢，寻找让自己放松的方式

法国作家大仲马说：“人生是一串无数的小烦恼组成的念珠。”在日常生活中，烦恼、怨恨、悲伤、忧愁或愤怒等不良情绪都是常见的情绪反应，而闷气是生气的内在表现。一个人生闷气的时候，实际等于整个人都陷入了不良情绪之中，容易产生孤独感和抑郁症。总而言之，闷气让一个人变得郁郁寡欢，因此，我们需要寻找让自己放松的方式。在电视剧《北京人在纽约》里，面临破产的威胁，失败的阴影来袭的时候，王起明一边开车一边高唱“太阳最红……”，获得了心灵上的暂时放松；在日本，每年都要举办一次呐喊比赛，那些情绪不满者向远处的大山大叫，以发泄心中的怒气。或许，对于每一个人而言，他们都有着不同的放松方式，但是，

我们最终的目的是赶走郁积在心中的闷气。

培根说："无论你怎样表示愤怒，都不要做出任何无法挽回的事来。"美国前总统林肯如果在外面和别人生气了，回到家里就会写一封痛骂对方的信，当家人第二天要为他寄出那封信的时候，林肯会极力阻止："写信时，我已经出了气，何必把它寄出去惹是生非。"如何面对心中的种种不良情绪？当然是合理地宣泄，放松自己。一个年轻女孩来到心理咨询中心，说道："前两个月我被公司解聘了，心里很恼火，不愿意见人，整天就待在家里，憋得心慌，内心也变得更加痛苦，有什么办法能够摆脱这样的处境呢？"心理医生这样建议："你这样是不行的，时间长了就会变得郁郁寡欢，寻找一种让自己放松的方式吧。"

里根是一个性格温和的人，但是，有时候他也会发脾气。当他生气的时候，就会把铅笔或眼镜扔在地上，然后很快就能恢复情绪。有一次，里根对侍从人员说："你看，我在很久以前就学会了这样一个秘诀：当你生气时，如果控制不住自己，不得不扔掉一些东西来出气，那么就要注意把它扔在你的面前，一定不要扔得太远了，这样捡起来就会省力很多，捡起了东西，心情自然也就放松了。"

其实，在很多时候，所谓的轻松方式就是发泄心中烦恼，无压力地宣泄不满情绪，将心胸放开，这样就会减少一些不必要的烦恼，而且，避免了这样的不良情绪感染到其他人。有一位商人在谈到自己放松的方式，他说："当我自知怒气快来的时候，连忙不动声色地想办法离开，跑到自己的健身房，如果我的拳师在那里，我就跟他对打；如果拳师不在，我就猛力地捶击皮囊，直到发泄自己满腔怒火，整个人轻松下来为止。"愤怒是由于心理上失去了平衡，或者是自己的要求和欲望没能得到满足。因此，我们可以转移心境，寻找一种轻松的方式，这样怒火自然就会被浇灭了。

《吕氏春秋》记载了这样一个故事：

齐文王患了忧虑病，没能找到正确的治疗方式，时间长了，病情越来越严重，甚至到了卧床不起的地步。这时，大臣建议请名医来诊断病情，于是，齐国派人到宋国去请来名医文挚给予医治。文挚查看了齐王的病情，判断出必须采取一定的方式来赶走病人心中的闷气，但是，顾虑到这样会触怒齐王而惹来杀身之祸。对此，齐国太子向文挚保证，无论如何都会保证医生的安全。于是，与文挚约好了看病的时间，但是，文挚却连续三次失约，齐王虽在病床上，却对此十分恼怒。

后来，文挚终于应约而来，但是，他不脱鞋就上床，践踩齐王的衣服问病，气得齐王不搭理他。这时，文挚用粗话刺激齐王，齐王终于按捺不住，翻起身来就大骂，没想到，齐王的病却因此好了。

所谓“怒动其身形、冲破忧伤烦闷的不良情绪”，有人在愤怒时暴跳如雷，面红耳赤，实际上，这就是一种能量发泄。人们常说：“言为心声，言一出，心便安。”积极的能量发泄可以采取唱歌、怒吼等方式，这也不失为一种轻松的方式。另外，哭泣也是一种行之有效的方式，据调查，85%的妇女和73%的男人在他们哭过之后，心情就会好受一些。威廉菲烈博士说：“哭可以将情绪上的压力减轻40%，哭是健康的行为，值得鼓励。”

同时，将心中的烦闷写出来，这也是一种自我轻松的方式。一般情况下，写诗、写日记都能够有效地发泄郁积在心中的闷气，使情绪恢复到平静。而且，从心理学上说，适当发泄长期以来积压的闷气，可以减轻或消除心理疲劳，比起将闷气郁积在心中，将怒气发泄出来会更好，这样可以使我们变得轻松愉快。闷气就像夏天的暴风雨一下，需要我们适当发泄，这样才能净化周围的空气，缓解心中的紧张情绪。闷气，只会让我们变得越来越抑郁，想要自己获得全身心的轻松，我们必须寻找一些轻松的方式，

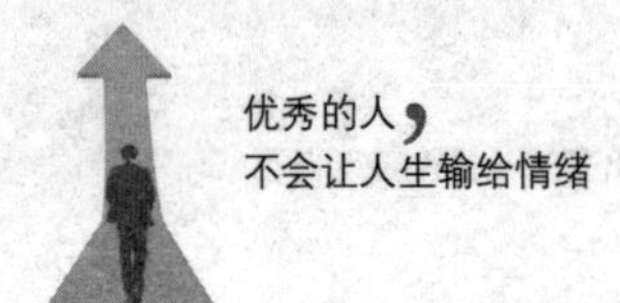

发泄心中不满的情绪，驱赶心中的闷气，将自己解脱出来。

将自己心中的“闷气”发泄出来

闷气积压在心中久了，就像等待迸发的岩浆，从里到外都是滚烫的，很容易伤害到他人。在生活中，若不及时消除心中的闷气，将会对自己或他人造成巨大的伤害，尤其是对某个人形成的闷气。或许，我们常常看不惯某个人的习惯，讨厌某个人的说话以及行为方式，而且，出于颜面或自尊没有办法向对方说明，但是，我们却不能制止心中那股“闷气”的不断滋长，直至最终崩溃。事实上，每个人都欢迎不同的意见，相比较而言，他们更不喜欢不声不响就生自己气的人。所以，如果你对某个人生了“闷气”，不要放在心里，试着用委婉的方式表达出来，化“闷气”于无形，才能更好地解决问题。

传统的中国人似乎更倾向于生闷气，他们更容易被消极情绪所影响，愤怒的情绪就像洪水一样，堵不如疏。心中有了闷气，我们就要想办法疏通，学会自我调节，生气时寻找合适的渠道，适当地表达自己的真实感受。否则，只生闷气会影响彼此之间的感情。有时候，两个人之间生闷气，刚开始时可能大多是不满情绪或愤怒的“小气”，但是，由于郁积在心中的矛盾一直没能得到解决，相互之间的关系越来越恶劣，结果矛盾更加严重。“小气”逐渐滋长为“大气”，甚至会引发一系列悲剧。

去年，王先生举家搬到了繁华的深圳市区，原以为以后的日子会越过越好，但是，没想到由于孩子的教育问题时常与爱人发生矛盾，两人关系日益恶化。王先生性格比较内向，不善言辞，每次吵架都说不过能说会道的爱人，因此，每次吵架之后，他就一个人到卫生间生闷气。

那天，王先生在家里等着儿子回家，等了很久还是不见回来，生气的王先生开始不由自主地埋怨爱人：“看天这么晚了，孩子还没回家，都是你惯出来的。”爱人当仁不让，两人又吵了起来，不一会儿，从网吧回到家的儿子看见爸妈正吵得不可开交，索性躲进屋里玩电脑。吵了半天，两人都疲倦了，爱人不再搭理王先生，到了卧室躺在床上睡觉，王先生的气还没有消，他把自己关进厕所里闷头抽烟。他一边抽烟，一边思索，越想越生气，心中的怒气像快要喷出的岩浆，阻拦不住。

过了几个小时，王先生突然从厕所里出来，气愤地大吼：“这日子没法过了，还不如一把火烧了干净。”说完，王先生就摔门而去，过了好一阵子，他回来了，手中提着沉甸甸的汽油，吓得爱人孩子夺门而逃。这时，家中已是浓烟滚滚，王先生站在屋门口放声痛哭了起来。

王先生对爱人有相当深的“闷气”，但是，他并没有委婉地表达出自己的意见，反而短兵相接，导致两人的矛盾越来越严重，直至最后点燃了自己心中长久以来的“闷气”，“原子弹”终于爆发了，造成了悲惨的结局。其实，生闷气不仅不能解决问题，反而会招致更严重的后果，特别是对于夫妻之间，更是如此。夫妻两人如果有什么矛盾，可以敞开心胸，吐露自己的真实想法，如果对方有某些行为让自己生气，我们也可以委婉地向对方表明，这样一来，矛盾弱化了，心中的闷气自然也就消释了。

老伯的老伴前不久去世了，他常常一个人闷闷地坐在那里，眉头紧蹙着，似乎总是在生气。如果有人跟他打招呼，他也会报以一个微笑，接着，老伯就会打开话匣子，开始说起自己的儿子、女儿、媳妇的种种不是。那些抱怨的话是别人不能接口的，只能静静地听，大家都感觉到这是一个多么难相处的老人家啊！

有一次，老伯正在进行冗长的抱怨，旁人问道：“你有没有跟儿女讲

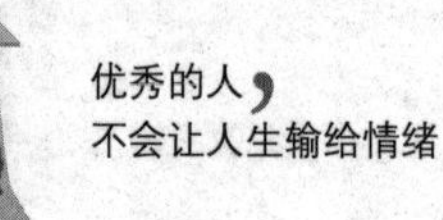

过你的这些不满呢？”老伯愣了一下，大声说道：“这还要跟他们讲吗？他们是做子女的，自己当然要知道父母的不满啊！只有那些不孝顺的，才需要我讲。”旁人呆住了，老伯接着说：“他们要是没顺我的意思，我就不跟他们讲话，叫我爸爸，我也不搭理，这样一来，他们就会怕我，就不会不孝顺我。如果不怕我，就不会孝顺我，就会放我一个人自己住，那时，我就可怜了。”说着，老伯似乎露出来一丝微笑：“现在，我已经三天都不理他们了，媳妇叫我，比平时更多遍了。”

这的确是一个喜欢生“闷气”的老伯，在他那固执而又蛮横的逻辑里，似乎总是自己在跟自己生气。或许，老伯没有赢得预期的对待，就学会用自己的情绪去勒索他人了，事实上，这是一种极为不恰当的做法，生闷气只会把自己推向孤立无援的境地。如果这位老伯能够委婉地说出自己的情绪和想法，对儿子、媳妇与女儿表达关心，那么，一家人是可以和睦而温馨地相处的。试着放下自己对他人的“闷气”，如果自己心中真的有什么想法，那就委婉地告诉对方，将自己的情绪反应如实地告知对方，这样对方才清楚地知道你到底为什么而生气。而且，这样既可以解决与他人之间的问题，还可以消解心中的闷气，化闷气于无形，使自己的情绪回归平静。

幽默也许能轻松化开自己心中的郁结

蒙田说：“自责往往被人信以为真，自赞却不会被人相信。”每个人的心理都像是一个敏感的天平，稍有变化，就会失去原来的平衡，而幽默地打趣，可以使心理的天平保持平衡，同时，也表达了自己心中的苦闷。如果真的到了气头上无法遏制的时候，可以采用“幽默发脾气法”，比如，

父母帮子女操劳家务，而子女却吃完饭就离开了，父母心中肯定不舒服，这时候，父母可以说上一句：“领导，我这个服务员今天病了，是不是可以请个病假呀？”这样，既委婉地将自己心中的不满传达了过去，让子女们意识到自己的不对之处，同时，语气诙谐幽默，更容易让他们接受。事实证明，幽默地打趣，能轻松地化解自己心中的郁结。

心理学家认为：“一个人的身体状态是受其心理和精神状态所影响的，有一半以上的疾病都是由心理和精神方面引起的。”所以，保持心理平衡对我们的身体健康特别重要。在日常生活中，每个人都会遇到一些使人十分难堪的局面，当自己遭遇窘境的时候，该如何冷静面对，又该如何调整自己的情绪呢？其实，幽默就是一剂平衡自我心理的灵丹妙药。有一个很胖的女孩，她最怕听到“窈窕淑女，君子好逑”这句话，感觉这是对自己莫大的讽刺。后来，她逐渐调整了自己的心态，心想：胖有什么呢？她开始不计较人们的言论，也不再为那些言语而自卑，她总是幽默地说：“我胖是胖了点儿，但我很健康。”

在古代，有个文人名叫梁灏，他曾在少年时立下誓言，不考中状元誓不为人。可是，最终由于时运不济，屡试屡败，受尽了人们的讥笑。不过，梁灏本人并不在意，他总是幽默地说：“考一次就离状元近了一步。”在这样乐观而幽默的心理状态下，梁灏从后晋天福三年就开始考试，先后经历了后汉、后周，直到宋太宗雍熙二年才考中状元。对此，梁灏写下了这样一首诗：“天福三年来应试，雍熙二年始成名。饶他白发头中满，且喜青云足下生。观榜更无朋侪辈，到家唯有子孙迎。也知少年登科好，怎奈龙头属老成。”幽默伴随着梁灏走过了漫长的坎坷，终于走向了成功，实现了当年的誓言，不仅如此，幽默而乐观的性格让梁灏活过了古人难以逾越的九旬高龄。

智者认为：“愤怒或生气都是自己跟自己过不去。”其实，任何事情都不像自己想象中那么糟糕，没必要一直对此耿耿于怀，你生气或愤怒的不过是你自己罢了。如何来抑制内心的愤怒而保持平和的情绪？林则徐给了我们正确的答案，他习惯于在堂上挂着“制怒”的字匾，这样，在自己愤怒还没有发作的时候，看到这两个字就及时有效地控制住自己的怒气。而对于美国人来说，能够抑制愤怒情绪的最佳法宝就是幽默。

在南北战争时期，有一次，一位军官急匆匆地迎面而来，没料到，在作战部大楼的走廊上却一头撞到了林肯的身上。当军官看清被撞的是总统先生的时候，立即赔不是，那位军官恭敬地说道：“一万个抱歉！”林肯诙谐地回答道：“一个就足够了。”接着，林肯补充道：“但愿全军的行动都能够如此迅速。”面对军官无意的过错，林肯没有生气，反而以幽默来化解军官的尴尬。

后来，在一次有关兵力问题的讨论中，有人问林肯：“南方军队在战场上有多少人？”林肯回答说：“有 120 万。”由于这个数字远远超过了南方军队的实际兵力，那些参与讨论的人脸上满是惊愕与疑虑，对林肯这样冒失地说出一个惊人的数字，感到有点不解和愤怒。接着，林肯解释说：“一点也不错，的确是 120 万，你们知道，我们的那些将军们每次作战失利之后，总是对我说寡不敌众，敌人的兵力至少是我们军队的 3 倍，虽然，我不愿意相信他们，这样一来，南方的兵力无疑是增加了 3 倍，现在我军在战场上有 40 万人，所以，南方军队是 120 万，这是毫无疑问的。”

似乎，一切的争吵都来自情绪，而一切的纷争都来源于情绪。生活在这个世界，每天我们都会面对不同的情绪，似乎情绪已经主宰了我们的一切。但是，当愤怒遇到了幽默感，那不满的情绪就会自然而然地消失。在一次舞会上，一位身材较矮的男子去邀请一位身材高挑的女孩跳舞，那位女孩直接拒绝：“我从不与比我矮的男人跳舞。”男子听了没有生气，只是淡淡一笑，幽默地说：“看来我真是武大郎开店，找错了帮手。”那女孩脸红了，浑身不自在起来，男子运用幽默打趣法走出了窘境，将尴尬还给了那个伤害自己的女孩。

著名漫画家韩羽是秃顶，对此，他写了这样一首诗：“眉眼一无可取，嘴巴稀松平常，唯有脑门胆大，敢与日月争光。”有时候，幽默是对自己缺陷的夸张，能够表现出一个人坦诚的品格，从而得到别人的信赖和好感。另外，吃亏是福，调节一下自己失衡的心理；在一些并非原则的问题上，装装糊涂，为自己的心灵增加保护膜，可以适当幽默一下。幽默是宣泄积郁、制造心理快乐的一种良方，一个人若是善于运用幽默的表达方式，就会使自己拥有平稳、健康的心理。

第8章 不生气的暗示语——不要做冲动的魔鬼

在日常生活中，那些令我们生气的事情，一般都是触动自己的尊严或者自己的切身利益，使得我们的心绪一下子难以平静下来。事实上，这时，如果我们能学会不生气的暗示语，比如“过一会儿再来思考着这一件事情”“这没什么大不了的”“不要做冲动的魔鬼”，然后，平心静气地微笑，我们就能成功地摆脱不良情绪的困扰。

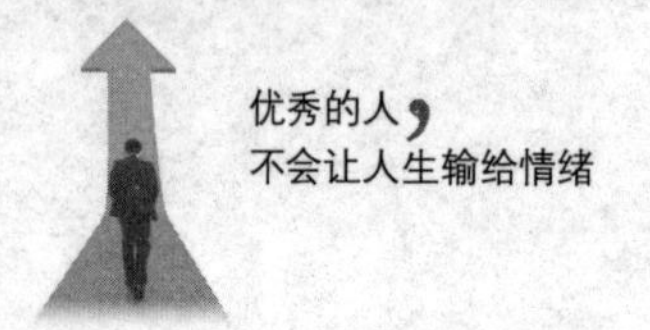

积极地暗示自己：没有必要为之生气

在生活中，我们常会遭遇一些令人生气的人和事，那愤怒的情绪似乎一下子就涌了上来，等待爆发，如何有效地抑制自己心中的怒火？心理学家认为，我们可以积极地暗示自己：没有必要为之生气。或者，思考生气带来的严重后果，这样，那些涌动的愤怒情绪就会逐渐消失，直至心绪完全平静下来。对此，心理专家提出了这样一些生气时的暗示语："这个人根本不值得我生气""这件事情还没到让我生气的程度""其实我并不是一个喜欢生气的人，所以我并没有真正地生气""我根本就不会生气，要是那样就太对不起自己了""我完全可以心平气和地来对待这件事情"，等等，这样一些暗示语可以帮助我们克制愤怒情绪，使心绪变得平静祥和。因此，我们在生气时，需要运用积极的暗示语，没有必要生气，不停地暗示自己，这样，自己就真的不生气了。

心理暗示在日常生活中随时随地都可以看到，它是用含蓄、间接的方式对人的心理状态产生影响的过程。一般而言，暗示又分为他人暗示和自我暗示，在生气时的积极心理暗示是一种自我暗示，即自己把某种观念暗示给自己，并使它实现为动作或行为。自我暗示的作用是巨大的，不仅能影响自己的心理与行为，还能影响到我们的生理机能。另外，只有积极的心理暗示能起到增进和改善的作用，反之，消极的暗示能扰乱我们的心理、行为以及人体的生理机能。当你习惯地想那些快乐的事情，你的神经系统就会习惯地令自己处在一个快乐的心态，自然就没办法生气了。

有一天，在公共汽车上发生了这样一件事情：

一位老先生一不小心，踩了一位年轻姑娘的脚，那位年轻姑娘开口就骂人："你这个老不死的！"可是，这位老先生并没有生气，反而笑呵呵地说："谢谢！谢谢！"老先生这一举动把周围的人都搞糊涂了，这是怎么回事呢？姑娘骂他是"老不死的"，他不但不生气，反而笑着说谢谢，这老先生的神经肯定有问题。这时，旁边的人问老先生："人家骂你，你还谢人家，这是为什么呢？"老先生回答说："她没有骂我，她给我祝福呢，我没有必要生气，她说，第一我老了，第二我不会死，这不是给我祝福吗？我难道不应该感谢她吗？"听到这样的话，周围的人都笑了，那位年轻姑娘红着脸低下了头。

积极暗示心理学家马尔兹说："我们的神经系统是很'蠢'的，你用肉眼看到一件喜悦的事，它就会做出喜悦的反应；看到忧愁的事，它就会做出忧愁的反应。"于是，积极的暗示产生积极的心态，消极的暗示产生消极的心态，对我们自己来说，尽量避免运用消极的暗示，比如，你总是暗示自己"这件事我不做出一定的行动就难解心头之恨""我一定要给他好看"，结果，越是暗示自己，越是感到生气，愤怒的情绪还是无法抑制地被释放出来了。

小王今年23岁了，在家中是个独生子，平时在父母和同学眼中都是一个乖巧懂事的孩子。但是，最近小王突然发现自己的脾气变得越来越暴躁，常常跟同学产生矛盾，等事情过去之后，他回过头来想想，却发现那都是一些特别小的事情，根本没有必要生气。有时候，在家里也经常跟父母怄气，要是父母说上两句，小王就暴跳如雷，火冒三丈。这样的火暴脾气令小王十分苦恼，他知道这样做是不对的，但真正到了事情发生的时候，却又控制不住自己，之后又感到十分后悔。

有一天，一位大学同学借了小王的MP5，不小心摔到地上，摔坏了，小王特别生气，虽然那位同学非常小心地向自己道歉，但是，小王还是当众把那同学训斥了一顿，严重地影响了两人之间的关系，同时，小王在其他同学眼中的形象也受到了影响。小王为这件事难过了很长一段时间，他弄不清楚自己为什么变成了这样子，小王不断地问自己："为什么我总是这样冲动？难道我的脾气就真的克制不了吗？"

在自我暗示的时候，身心需要得到放松，关注于自身的状态，这样，我们才能够将注意力集中在某一事物上，时间久了，注意力会自然地松弛，不再专注于任何事情，在这样的心境下，自我暗示的效果会更好。其实，自我暗示实际上就是给自己提出任务，自己做自己的老师，并且坚信自己有能力去控制自己的情绪。在这样一种积极的心理暗示下，自己就真的控制了愤怒的情绪，做情绪的主人。

如果你在生活中是一个喜欢生气的人，那么，你不妨给自己一些积极的暗示语，或者给自己设一个座右铭，诸如"野蛮产生野蛮""脾气暴躁是人类较为低劣的天性""发怒是没有文化教养的""发怒是无能的表现"，等等，通过这样一些自我暗示，控制自己的心理活动，并由此获得战胜怒气的精神力量。

对自己微笑，发现美好就在心中

朋友这样说："每一个人都在寻找快乐，而只有一个方法保证你找得到它，那就是微笑，人生，每天不一定都能得到快乐，如果碰到了烦恼的事情，

记得给自己一个微笑；碰到了令自己生气的事情，给自己一个微笑。微笑，可以使自己产生一种豁达的心态。”对自己微笑，也是一种积极的心理暗示，暗示心中一份好心情，给自己一个微笑，你会发现生活的美好其实就在心中。微笑，本身就是一种感情交流的美好神态，对别人真诚地微笑，体现了一个人的热情、乐观的心态；对自己微笑，则是一份乐观的自信，让我们的心灵一直生活在愉悦之中，你会发现，生活中的美好并不一定需要真切地寻找，它其实就在我们心中。

古人云：“人生不如意之事十之八儿。”在日常生活中，我们总是避免不了一些烦心的事情，虽然，我们无法改变事情的好坏，但我们却可以改变心情，不管自己遇到了什么，都要学会对自己微笑。微笑，是一种愉悦的表情，当然，每个人都有情感的自然表露，但是，对自己微笑，却不是每个人都能做到的。在人生道路上，既有坦途，也有坎坷荆棘，人们在失败时就消沉低迷，忘记了微笑是什么；在生气愤怒时就歇斯底里，忘记了微笑是什么。失败了给自己一个微笑，生气了给自己一个微笑，以平常心来面对生活中的那些成功与荣誉，你会发现生活其实很美好。在我们身边，有的人会成功，有的人却失败了，造成这样不同结果的原因在哪呢？其实，我们都忽略了最重要的一点，那就是忘记了对自己微笑。

在清水龟之助小时候，他随着母亲到寺院去上香，看到方丈正在清洗新鲜桃子，清水龟之助站定了不想离开。方丈清洗完桃子之后，看见他就把洗好的桃子递给了清水龟之助，但他的妈妈却认为这样做不好，不让清水龟之助伸手接桃子，并对方丈说：“师父你还是自己留着吧，这桃子若是给了他，你就少了一个！”方丈听了之后就笑了：“虽然我少吃了一个桃子，但却多了一个吃桃的快乐。”说完，方丈便把新鲜的桃子塞到了孩子的手中，飘然而去。

从这以后，清水龟之助就懂得了快乐是可以互相传递的。长大后的他

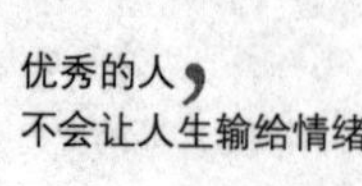

因为生活所迫而成为邮差，刚开始的时候，他感到很苦闷，但他并不想把自己的苦恼传染给他人，所以，自始至终他在工作时都保持着微笑，不仅如此，为了获得一份愉快的心情，每天早上，他都会对着镜子给自己一个微笑。当他看到许多人在接到了信件之后露出了开心的笑容，那份快乐又传递给了自己，他觉得邮差这份工作还是挺有意思的。

每天一大早，清水龟之助就用自行车驮着报刊和邮件穿梭于城市的大街小巷，那些凡是接受过清水龟之助服务的居民都特别喜欢他，因为他每天都面带笑容。当居民们从他手中拿到了信件和报刊的时候，也获得了一份他所传递过来的快乐。他的事迹使得他获得了国家级的奖项——终身成就奖，在这之前那些获得这个奖项的人都是社会的精英，有的人对一个邮差获得了如此殊荣而感到不解。但是，在得知了清水龟之助的事迹之后，他们改变了自己的想法，纷纷为清水龟之助鼓掌。

在很多人看来，邮差是一份辛苦的工作，而且收入很微薄，于是，很少有人会将其作为自己一生的职业。然而，清水龟之助怀着开朗乐观的心态，对自己微笑，一干就是整整25年，成为日本少数的老邮差之一。成功的时候，需要给自己一个微笑，但我们不可流连太久；失败的时候，更需要给自己一个微笑，用轻松的心态去面对一个挫折；生气的时候，需要给自己一个微笑，让乐观的心态去战胜内心的不良情绪。对自己微笑，是一种积极的心理暗示，暗示自己没有必要生气。

伟大的发明家爱迪生的工厂曾经失火，造成了近百万美元的设备瞬间化为了乌有，67岁的爱迪生听到消息赶到了火灾现场。旁边的员工认为他看着这一片废墟，一定十分生气，谁知爱迪生表现得十分镇静，甚至还笑着说：“这场大火烧得好哇，我们所有的错误都烧光了，现在可以重新开始了。”生活就如同一面镜子，你对它哭它就哭，你对它笑它就笑。对自己微笑，我们将收获一份乐观的心态，而这样的心态将帮助我们战胜一切不良的情绪。

梁实秋说："一个人发怒的时候，最难看。"确实，一个发怒的人，脸红脖子粗，龇牙咧嘴，难免会有损自身形象。俗话说："人们一发怒，上帝就发笑；上帝一发笑，人就很难平心静气地去思考。"相比较微笑，发怒的表情实在很难看，所以，就算是为了自身形象着想，我们也要学会对自己微笑，而不是将发怒的表情定格在自己脸上。每一个人要学会微笑，更好地享受生活，只有对自己微笑，快乐才会将生活围绕。微笑，不仅仅代表着我们的心态，而且，还能够有效地影响他人的心情。所以，学会对自己微笑吧，你会发现生活的美好其实就在自己心中。

用微笑融化心中的怒气

面对那些令自己生气的人和事，我们该如何对待呢？有的人放不下心中的怒气，心想：既然你让我生气，我就不会轻易放过你。如此这般，虽然让对方生气了，但把自己也推进了怒火的深渊，无疑是得不偿失。其实，对那些故意气自己的人，最有效的办法是回以平静的微笑，用微笑蔑视他，令他感到无奈或愤怒，而自己在微笑的作用下变得平静，最后也达到了自己的目的。在生活中，有那么一些人，他们唯恐天下不乱，总是想方设法来考验你的好脾气，似乎故意跟你对着干，你生气，他就幸灾乐祸，你越是生气，他就越高兴；反之，如果你对他的恶劣言行表现得很淡然，他心中就会有一种说不出的痛苦。所以，面对这样一些人，我们还以平静的微笑蔑视他，将微笑作为最好的回击利器。

有这样一位清洁阿姨，每天，她不仅干着最劳累的工作，而且常常遭

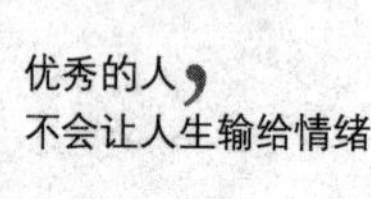

受路人的白眼和不屑，但是，无论在什么时候，她所流露出来的都是那张笑脸。有记者采访她，问道：“为什么看到那些骂你的、蔑视你的人，你都不会生气呢？”清洁阿姨回答说：“有什么值得生气的呢？他们对我无礼，我岂能还之以无礼，他们用最肮脏的话、最冷漠的眼神来蔑视我，我当然以笑容来蔑视他们啊，因为失去修养的是他们，而不是我，如果我生气了，不正好中了他的心思吗？所以，面对这些故意气我的人，我坚决不生气。”

简简单单的几句话，却揭示了事情的深刻道理，的确，既然是对方无礼的行为，我们又何须去生气呢？这不是拿别人的错误来惩罚自己吗？那么，最好回击他人的办法，就是给予对方一个平静的微笑，这不仅仅可以作为回击的利器，而且，亲切的微笑有可能感化对方，融化他人心中的怒气。

有一位商人见到诗人海涅，对他说：“我最近去了塔希提岛，你知道在岛上最能引起我注意的是什么？”海涅说：“你说吧，是什么？”商人说：“在那个岛上呀，既没有犹太人，也没有驴子！”原来海涅是犹太人，他的笑容很平静，回答说：“那好办，要是我们一起去塔希提岛，就可以弥补这个缺陷。”

商人将犹太人与驴子相提并论，本意是想激怒海涅，没想到，海涅却用平静的笑容蔑视了他。面对海涅的笑容，以及其中隐含的蔑视，商人无以言对。一个容易生气的人，很容易被他人的言语激怒，从而说出一些不利于自己的话语。其实，你越是生气，对方则会因为计谋得逞而心花怒放，如此这般，你还要往陷阱中跳吗？所以，不管别人让自己如何生气，我们都要保持平静的笑容，这样，对方才不会有机可乘，从而收敛自己的嚣张气焰。

郑伯是一位有“名气”的人，为什么说他有名气呢？主要是因为他的脸上时常挂着微笑，最为特别的一点是：遇到越是生气的事情，他会笑得越欢快，看起来似乎一点也不生气。大家对郑伯这样的表现很不解，有人疑惑：“郑伯，你是不是被骂傻了？”郑伯依然微微一笑，并不说话。

这天，郑伯带着小孙女一起去倒垃圾，可是，在下楼梯的时候，不小心将垃圾撒了一些出来，很不巧的是，撒在了王妈妈的门前，这位王妈妈可是不好惹的人物，因为她从来不讲理，最擅长讽刺挖苦、骂街哭闹。遇到这样的事情，郑伯先是赔礼道歉：“对不起啊，王妈妈，不好意思，我马上给你将垃圾清理了。”王妈妈可不依了，马上骂道：“死老头子，走路不长眼睛啊，明明知道这就是我家，你说你是不是成心的？”郑伯知道王妈妈的“战役”开始了，马上闭上了嘴巴，脸上挂着微笑，不作声了，只是默默地将垃圾清理了，然后就带着孙女离开了。

走在小区的路上，小孙女很疑惑：“爷爷，你为什么总是那么好脾气呢？人家骂你，你都不吱声，是不是害怕啊？妈妈骂爸爸的时候，爸爸也不敢说话，不过，他可不像你，还赔上笑脸。”郑伯笑了，回答说：“当然不是了，我是在蔑视这些坏脾气的人，以前我也反击，与他们对骂，可是，我发现这样做的后果是将自己置于怒火之中，于是，我什么都不说，我就微笑着看你骂，你希望我生气，我就偏不生气……后来，就成为习惯了，乖孙女啊，以后要是有人来气你，你就用微笑蔑视他，这样，他的气就没处撒了。”

面对无礼者的言语攻击，郑伯没有怒气冲冲，也没有正面回应，而是始终保持温文尔雅的微笑，他的表情时刻显示出一种平和的情绪，就是这种情绪压倒了对方。在生活中，如果遭受了别人的言语攻击，我们需要做的不是生气，而是学会控制自己的情绪。保持平静的微笑，这样反击对方会更有力量，一方面我们可以表现自己的涵养，另一方面，保持平和的情绪，才能冷静、从容地思考出最佳的对策。

在任何时候，平静的微笑都能够给予一定的征服力。当律师的人都知晓这样一个道理，谁能在法庭辩护时保持平静的微笑，谁就能够赢得最后的胜利，因为愤怒的情绪就如同一个魔鬼，它会带领着我们走向地狱。平静的微笑，可以帮助我们认真地思考，同时，对于自己也是一个防御工具，

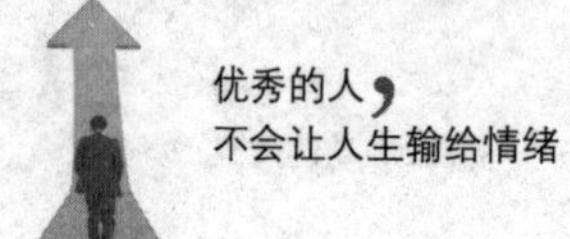

不管内心的情绪起伏有多大，只要保持平静的微笑，就能给对方强有力的震撼，那看似平和的微笑，实则是对他人的蔑视。所以，如果身边有人气你，学会用平静的微笑来蔑视他。

一切都会变好，挣脱坏心情的枷锁

自我暗示，也就是自己主动自觉地通过言语、手势等间接含蓄的方式向自己发出一定的信息，使自己按照自己示意的方向去做。事实上，心理学家认为，自我暗示有消除恐慌和消极心态的功能。美国心理学家威廉斯说：“无论什么见解、计划、目的，只要以强烈的信念和期待进行多次反复的思考，那它必然会置于潜意识中，成为积极行动的源泉。”有的人以前只不过是一个小人物，但是，他后来竟然获得了成功，如果一定要探寻其中的原因，那是在于每次遇到糟糕的事情，他们总是保持积极的情绪，安慰自己：一切都会好的，事实或许比这个更糟糕。其实，这就是一种自我暗示，在苏联电影里，警卫员瓦西里坚定地告诉妻子：“面包会有的，牛奶会有的，一切都会有的。”这其实也是一种心理暗示，积极的心理暗示可以让我们摆脱坏心情的枷锁，重新找回久违的快乐。

在生活中，我们每个人都有遭遇坏心情的时候，可是，我们应该清楚这一点：如果我们没有办法改变事情，那就改变心情吧。时刻给予自己这样的忠告：一切都会好的，不管多么生气、愤怒，依然没有办法改变事实，那么，不如选择一份好心情吧。当然，在很多时候，“一切都会好的”，无疑是一种自我安慰，甚至有的人说这是“自欺欺人”。哪怕是自欺欺人，如果我们能获得平和的情绪，那又何乐而不为呢？坏心情将会影响我们大脑的正常思考，麻痹我们的神经，使我们变得越来越堕落。如果任由这样下去，不仅做不好任何事情，反而会把自己推向深渊。但是，一份平和的情绪，有助于我们寻找到一切解决问题的办法，那么，即使是安慰自己、欺骗自己，但我们能有希望解决问题，这才是行之有效的办法。那么，在生气或愤怒的时候，试着对自己说：一切都会好起来的，在这样乐观的心态下，或许，一切事情真的会好起来了。

一位哲人见生活贫困的朋友整天愁眉苦脸，一脸苦相，他就希望自己能够找出一个方法让朋友重新快乐起来。但是，无论哲人怎么说，那位贫困的朋友就是快乐不起来，反而认为哲人是在奚落自己。为了让朋友接受自己的建议，哲人想出了一个好办法，他对那位朋友说："你愿不愿意离开你的妻子？愿不愿意丢弃你的孩子？愿不愿意拆掉你的破房？"那位贫困的朋友坚决地摇摇头，哲人接着说道："对啊！你应该庆幸自己有一位默契的伴侣，庆幸自己有一个可爱的孩子，庆幸自己有一间温暖的旧屋，你应该为此感到高兴啊！"听了哲人的话，那位朋友的愁苦脱离了眉梢，忧郁离开了额头，开始快乐起来。

试想，如果没有哲人的帮助，也许那位贫困的人依然愁眉苦脸。他始终不能摆脱坏心情的枷锁，是因为他不懂得自我暗示，如果他告诉自己"你要快乐起来""快乐才是你所需要的""贫困只是暂时的，一切都会好起来的"，那么，在这样的不断暗示下，他会发现即使是拮据的生活，依然可以令自己由衷地快乐。其实，一个人的快乐与不快乐，通常不是由客观条件的优劣来决定的，而是由自己的心态以及情绪来决定的。在生活中，无论遇到多么糟糕的事情，不要沮丧，不要生气，暗示自己：一切都会好起来的。那么，我们就可以从那些困难和不幸中挖掘出新的快乐来。

1998 年 7 月 21 日晚，在纽约友好运动会上意外受伤后，默默无闻的 17 岁的中国体操队队员桑兰成为全世界最受关注的人。那确实是一个意外，当时，桑兰正在进行跳马比赛的赛前热身，从她起跳的那一瞬间，由于外队教练的一个“探头”动作干扰了她，导致她动作变形，从高空栽到地上，而且是头着地。个性温顺的桑兰在遭受如此重大的变故后却表现得相当乐观：“我相信一切都会好起来的。”她的主治医生说：“桑兰表现得十分勇敢，她从来不抱怨什么，对她我能找到表达的词语是‘勇气’和‘乐观’。”

或许，正是那份积极的心理暗示铸就了她坚强、乐观的性格，美国称她是“伟大的中国人民光辉形象”，在美国住院的日子里，许多美国民众都会去看她，并不只是因为她受伤了，而是为她的精神所感染。是的，一切都会好起来的，在这样的信念下，桑兰逐渐好了起来，直到今天，她依然没有离开世界人民的视线。

有时候，我们会突然感觉到自己的心情很差，该怎么办呢？其实，这时候，我们可以利用积极的心理暗示。一个人在心情很差的时候，总是想把自己封闭起来，什么人都不想见，什么事情都不想做，直到心情变好为止。可是，在任何时候，我们需要明白这样一个道理：即使心情再差，还是要生活、学习、工作，所以，给予自己积极的心理暗示，告诉自己：其实我很快乐。为了证实自己真的快乐，你可以装出一副很开心的样子，保持友好的笑容，心情看起来很愉快。这样，你会发现，过不了多久，自己就真的摆脱了坏情绪的困扰，变得真正快乐起来。

有激情与动力的人生无须怒气

约翰·保罗说：“一个真正伟大之处就在于他能够认识到自己的渺小。”在大海中，鳄鱼经常狩猎，可是，总是失败大于成功，有时候，它们一年半载都得不到食物，但是，它们并不会生气，而是坦然接受这样一个结果。不沮丧、不气馁，不悲不喜，以平常的心态养精蓄锐，抓住每一次机会，猎物迟早会出现的。在它们心中，一直这样想，这样准备着，或许，就是那份激情与动力，它们成为了海上霸王，成就了真正的强者。失败和失意是我们生活中常见的，有的人在面临失败时会气得捶胸顿足，似乎自己不应该受到这样的遭遇，其实，他之所以会生气，是因为丧失了激情与动力，他已经失去了成功的必备条件。有人说："生气是无能的表现。"这样看来，生气的确是一种无能力的表现，对此，我们需要练就"精气神"，点燃激情，让自己时刻充满活力，这样，我们就不会生气，而是化生气为动力。

谁能想到，鼎鼎大名的英国首相丘吉尔也曾遭遇失败，但是，面对自己的落选，丘吉尔没有表现出自己的不满，而是显得更从容、更理智，那份激情与动力成为其坚实的基础，后来，他当然获得了成功。一个国家的首相能做到如此的心境，更何况我们普通人呢？失败并不可怕，可怕的是你那消极的情绪和不振的心态。面对失败，只要我们练就强有力的"精气神"，心中怀着对未来的激情，以及理想激励下的源源不断的动力，我们就一定能获得成功。任何人在遭遇失败的时候，都免不了消极情绪的困扰，不过，那只是暂时的，我们所能做的就是战胜消极情绪，化失败为动力，重振雄风，朝着成功，努力前进。

1931 年美国经济大萧条，正值克罗克成长的年代，为了养活自己，他不得不到处求职，他做过急救车司机、钢琴演奏员和搅拌器推销员。虽然，克罗克偶尔也感觉自己的确是生不逢时，曲折坎坷的命运使他感到内心的无助，但是，他始终怀着无比的激情，相信自己总有一天会打拼出辉煌的事业。

1955 年，克罗克回到了老家，开始下海经商，即使他已经年过半百，但是，他对生活的激情还是没有变，他借债 270 万美元买下了麦当劳兄弟的餐厅，创立了麦当劳快餐店。经过几十年的用心经营，麦当劳已经成为世界著名

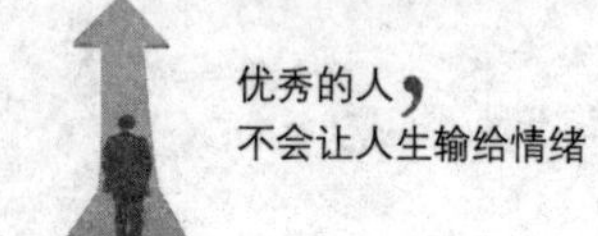

的快餐公司，克罗克被誉为“汉堡包王”。

对于降临到自己头上的命运，人们往往会有两种不同的态度：一种是逆来顺受，一种是激情拼搏。逆来顺受是一种消极的心态，消减了自信，剩下的就只有接受；而激情拼搏是积极的，即使一次次失败，也不能真正地打败他，在他心中，有源源不断的激情和无限的动力，所以，他没有时间来生气、怨恨自己为什么不能成功。他所能做的就是再次站起来，以自己的激情与动力为基础，努力拼搏，总有一天，他们会站立在成功的高峰。

小李是一名歌手，虽然他唱歌很好听，但是由于自己身高不足一米七，一直没能成名。有一次，小李所在的城市举办了一场歌唱比赛，小李想借此机会成功，但是，当他去面试的时候，工作人员竟这样说：“就你还想出名？小伙子，你还是回家先照照镜子吧。”在人们的嘲笑声中，小李被推到了门外，但是，小李不服气，心想：那潘长江不是跟我差不多身高吗？你们太小看人了，我怎么了？我早晚会成为一个歌手的，不信你们等着吧。

在门外，其他一些来面试的歌手对小李指指点点，忍不住窃窃私语，有的人还笑了出来。小李微笑着看着他们，并不为大家的行为感到生气，他昂首挺胸地离开了。后来，像这样当面被人取笑的事情不知道出现了多少次，但小李从来不把这些事情放在心上，他一直没有放弃对音乐的追求。终于，奇迹出现了，不久以后，一名著名的音乐制作人看中了小李的音乐天赋，跟他签了约，小李也实现了自己的梦想，成为一名真正的歌手。

在任何时候，小李都有一股强大的精气神，一切的力量都源于一个目标：我早晚会成为一个歌手的。或许，正是那份坚忍不拔，以及在目标催动下的无尽激情，铸就了他最后的成功。

史玉柱，一个商界的奇才，一位从“巨人大厦”废墟中走出来的巨人，他缔造了一个又一个不朽的神话。他曾经失败了，但是，他并没有丧失前进的激情与动力。在现实生活中，许多人遭遇了失败，心境一下子就落空了，浑身没劲，做什么都提不成精神的，有的甚至会胆怯地选择自杀。其实，只要你还活着，你就有再生的希望，保持那份精气神，凭着内心的激情与动力，努力向前走吧！

或许，在我们身边也有这样一些人，虽然他们经历了失败与挫折，但是，他们从来不为之生气，因为心中那份永不熄灭的激情，还有对未来无限追求的动力，他们选择不放弃。他们更希望用自己的实际行动去证明自己是能行的。其实，他们才是世界上真正的强者，因为他们能经受住来自生活的一切打击。

第9章

发现平息怒气的甘泉——让心情回归平静

在炎热的沙漠，两个焦渴疲惫的旅人，拿出唯一的水壶，摇了摇，一个旅人说：“哎呀，太糟糕了，我们只剩下半壶水了。”而另一个旅人却高兴地说：“真幸运，我们还有半壶水！”在现实生活中，那些不如意、令人生气的事情就好像那半壶水一样，它本身是没有任何变化的，但是，如果我们能够换个视角换个心情来看问题，我们会发现，事情并没有想象中的糟糕。学会换个视角看问题，渐渐地，我们会找到怒气的源头，从而发现平息怒火的甘泉。

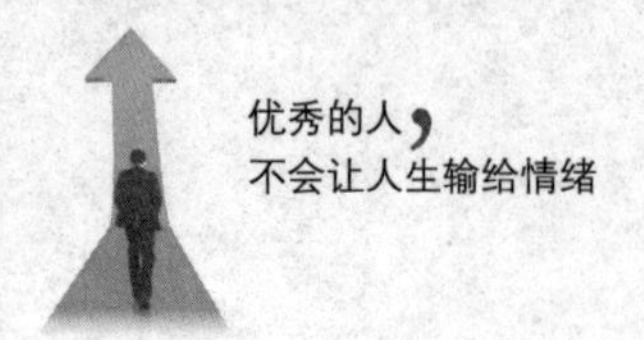

有智慧的人没有时间生气

有一位智者，他脾气十分温和，几乎从来不生气。弟子好奇地问他："师傅，难道你就这样永远不会生气吗？"智者微微一笑："生气是什么呢？每当事情发生了以后，我都会告诫自己，事情可以比现在更糟糕的，看来，我还是算幸运的，所以，有什么值得生气的呢？如果有人犯了错误，本身错误在于他自己，我何必要生气呢？每天，生活的快乐，我都来不及感受，哪有什么时间来生气呢？"

有一天，七里禅师正在蒲团上打坐，突然，一个强盗闯出来，拿着一把又明又亮的刀子对着他的脊背，说："把柜里的钱全部拿出来！否则就要你的老命！"七里禅师似乎并不害怕，只是缓缓说道："钱在抽屉里，柜里没钱，你自己拿去，但要留点，米已经吃光，不留点，明天我要挨饿呢！"那个强盗拿走了所有的钱，在临出门的时候，七里禅师说："收到人家的东西，应该说声谢谢啊！"强盗转过身，说："谢谢。"霎时间，强盗心里十分慌乱，几乎从来没有遇到这样的事情，这使他愣了一下，才想起不该把全部的钱拿走，于是，他掏出一部分钱放回抽屉。

没过多久，这个强盗被官府捉住，根据他所提供的供词，差役把他押到七里禅师的寺庙去见七里禅师。差役问道："几天之前，这个强盗来这里抢过钱吗？"七里禅师没有生气，微微一笑，说道："他没有抢我的钱，是我给他的，临走时也说声谢谢了，就这样。”强盗被七里禅师感动了，只见他咬紧嘴唇，泪流满面，一声不响地跟着差役走了。

这个人在服刑期满之后，便立刻去叩见七里禅师，求禅师收他为弟子，七里禅师对他没有半点怒气，只是摇摇头，不答应。这个人长跪三日，七里禅师终于收留了他。

生活中总是有这样或那样不如意的事情，有可能会挑动起我们心中的怒火，但是，当你在生气的时候，是否意识到自己是在被情绪牵着鼻子走呢？当心中怒火开始蔓延的时候，我们应该做的第一件事就是尽量让自己安静和放松下来，冷静地思考现在到底出现了什么样的情况，而不是顺其自然地让“怒火”蔓延开来，自己被情绪牵着走。

阿文是一个脾气暴躁、情绪容易激动的女孩子，由于她的脾气太坏，交往多年的男朋友也离开了她，朋友们都为她感到惋惜，而阿文自己也似乎感觉到了脾气暴躁的坏处。有一天，阿文走进了心理咨询室，向心理医生求教：“如何才能改掉我的坏脾气呢？”

心理医生没有说话，想了想，拿出了两个透明的玻璃瓶，然后分别装上了同样多的清水，随后，他又拿出了一些大小均匀的玻璃球，有白色的，有蓝色的。这时，心理医生对阿文说：“当你生气的时候，就把一颗蓝色的玻璃球放到左边的玻璃瓶中；当你克制住脾气的时候，就把一颗白色的玻璃球放进右边的玻璃瓶里，从现在开始，你应该学会理性控制自己的情绪。”

阿文一直照着心理医生的建议去做，过了一段时间，阿文带着两个玻璃瓶来到了心理咨询室。心理医生将玻璃瓶中的玻璃球捞了起来，阿文发现，那个放蓝色玻璃球的水变成了蓝色，心理医生趁机说：“你看，原来的清水投入到‘坏脾气’中，也被污染了，相同的道理，你的言行举止也会感染人，就像这个玻璃球一样，一定要控制自己的言行。”阿文点点头，脸上露出了温和的笑容。

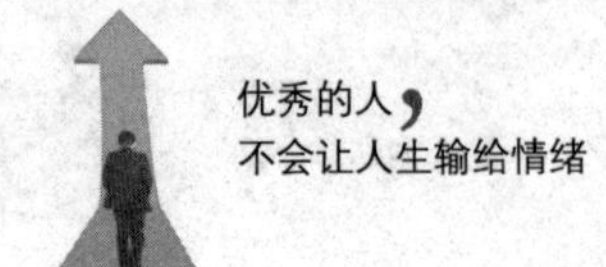

当阿文再一次走进心理咨询室的时候，那瓶装着白色玻璃球的瓶子已经溢出了水。心理医生欣慰地笑了，慢慢地，阿文的坏脾气消失了，生活开始走入了正轨，最近，她刚刚打电话给心理医生，在电话里，阿文抑制不住内心的激动告诉医生："我新交了一个男朋友，他很优秀。"生活对于阿文来说，似乎变得越来越美好了。

普鲁斯特说："愤怒不能同公道和平共处，正如鹰不能同鸽子和平共处一样。"心理医生教给阿文这个方法，其秘诀在于：把自己当作思想的旁观者。阿文在所做的每一件事情中，并没有涉及如何去控制自己的怒火，而是意识到"怒火"带来的危害性，在这种思想的慢慢渗透下，阿文逐渐改掉了自己的坏脾气，认识到了"救火"的重要性。慢慢地，阿文学会把自己当作一个思想的旁观者，她开始清楚地认识"生气"，领悟到在生活中许多事情是不值得生气，或根本没有去生气，这样一来，阿文的生活步入了正轨，生活也变得越来越美好了。

让自己的心回归平静，经得住怒火侵袭

在酷热炎暑之时，白居易拜访得道高僧恒寂大师，却见禅师安静地坐在密闭如蒸笼的禅房内，并不像其他人那样汗如雨下。对此，白居易很受震动，作诗曰："人人避暑走如狂，独有禅师不出房；非是禅房无热到，为人心静身即凉。"禅师的心境已经变得如水一样的屏障，无论面对酷暑，还是不如意的事情，他都安静地坐着，任何怒火似乎都感染不到他，这才是真正虚怀若谷的境界。一位已婚的女士这样说道："我脾气很坏，常常容易生气，有时候会因为老公的一点脸色而郁闷，甚至不安于平静，总是

想弄出点响动，但是，闹过了吵过了，最终却把自己搞得伤痕累累，伤了自己，同时也伤了别人。”我们都看见过辽阔的大海，平静的水面一望无垠，若是向大海里投入石头，无论多大或多小，似乎都激不起半点浪花，它还是那么平静，这就是大海的心境。同样的道理，对于一个人来说，要想自己能够克制内心愤怒的情绪，我们需要大海一样宽阔的心境。

一位老妇人在 50 周年金婚纪念日那天，向来宾道出了自己保持婚姻幸福的秘诀。她说：“从我结婚那天起，我就准备列出丈夫的 10 条缺点，为了我们婚姻的幸福，我向自己承诺，每当他犯了这 10 条错误中的任何一条的时候，我都不会生气。”有人好奇地问：“那 10 条缺点到底是什么呢？”老妇人回答说：“老实告诉你们吧，这 50 年来，我始终没有把这 10 条缺点具体地列出来，每当丈夫做错了事情，气得我直跳脚的时候，我马上提醒自己：算他运气好吧，他犯的是我可以原谅的那 10 条错误当中的一个。”如水一样平静的心境不仅能为我们带来美满幸福的婚姻，而且可以宽慰自己的内心。这样一来，幸福、快乐的生活离我们还会远吗？

阿隐是一位刚刚进入寺庙的和尚，他希望自己能在寺庙修行中，做到真正的无欲无怒。在寺庙中有一位大师，听说他不管面对他人的什么评价，都只是淡淡地问一句：“就是这样吗？”阿隐希望自己能够成为那样的人，所以，他没事的时候，就会随着那位大师修行。

有一次，师父吩咐阿隐下山化缘，阿隐觉得自己的修行已经有些时日了，也想趁这个机会考验考验自己。在化缘途中，阿隐看到了几个蒙面大汉正在调戏一位女子，他心中的怒火顿时升了起来，赶上前去一看，那位女子已经吓得晕过去了。阿隐奉劝那些大汉离开，没想到那些人根本不听劝，反而怒骂：“臭和尚，看来你也六根未净啊，也想来占这女子的便宜？”阿隐一忍再忍，怒火还是爆发了，他使出了自己所学的本领，将那几个大汉打得哇哇叫，一会儿他们就逃走了。不过，阿隐自己身上也挂了彩。这时，那个女子已经苏醒过来，看到阿隐，当即给他一个耳光，怒骂道："没想到一个出家人，还干出这样的事情来。"说完，想到自己的处境，不禁哭了起来。阿隐感到心中十分委屈，怨气顿生，他气得跺了两脚，就走开了。

回到寺庙后，阿隐向师父讲述了自己的经历，大师只是淡淡地说："哦，就是这样吗？"阿隐有点生气，似乎师父对这些事情一点也不关心，这时，大师笑了，说道："如果你能做到我这样，就能经得起任何怒火的刺激了，不是冷漠，而是看透了一切，所以，心境变得如水面一样平静，无论发生什么，我的情绪都处于平静状态。"阿隐若有所悟地点点头，看来，自己的修行还是不够啊，还没有做到真正的"无怒"。

古人曰："无故加之而不怒，猝然临之而不惊。"在生活中，无论我们遭遇了怎样的指责和非难，我们都应该像大师一样，随时保持心理上的平静，经得住怒火的挑逗，任何事情总会显露出它本来真实的面目，我们所需要做的就是等待。而且，时间过去，怒火也平息了，好似从来不曾发生过什么一样。在我们身边，经常会发生这样或那样的误会，有时候就是小事一桩，时间长了我们也就忘记了，何必一定要让波涛汹涌打破平静的水面呢？

从前，有位老禅师，一天晚上，禅师在院子里散步，突然看见墙角边上有一张椅子，他一看就知道有位出家人违反寺规越墙出去玩了，老禅师没有声张，而是走到墙边，移开了椅子，就地而蹲。不一会儿，果真有一个小和尚翻墙，黑暗中踩着老禅师的背脊跳进了院子里。小和尚双脚着地的时候，才发觉刚才自己踏的不是椅子，而是自己的师父。顿时，小和尚惊慌失措，张口结舌，但是，出乎意料之外，师父并没有生气，也没有严厉责备他，而是平静地说："夜深天凉，快去多穿一件衣服。"小和尚战战兢兢地走了，后来，他再也没有违反寺规越墙出去玩了，在老禅师的细心指教下，他也成了一位得道高僧。

在老禅师无声的教育中，小和尚没有被错误惩罚，而是被教育了。由此可见，老禅师所悟的是禅，但修的更是“心”啊！面对他人有意或无意之间所造成的错误，如果我们心中充满了怒气，心中惊涛骇浪，甚至希望别人能遭遇不幸或惩罚，在这样一个过程中，我们已经失去了平日那种轻松的心境和快乐的情绪。学会修炼自己的内心，让它变得像水面一样清澈平静，即使向里面投进了一颗大石头，也不会激起半点波纹，因为心的内涵是不见底的，我们所能做的就是努力克制自己的情绪，争做情绪的主人。

何必用他人的错惩罚自己

德国哲学家康德说：“发怒，是用别人的错误来惩罚自己。”在现实生活中，喜欢生气的人不在少数，可是，当有人问“你为什么生气”时，他们却支支吾吾，答不上来，似乎我们已经忘记了自己生气的初衷是什么，气是怎样一点点冲起来的，他们也不知道。有人对此做过一项调查，那些经常生气的人，他们从来不重视生气的理由，如果详细地询问他，他会给出一些不是理由的理由，诸如“我就是看他不顺眼”“凭什么他就表现得那么嚣张，我气不过”，等等。在理由的阐述过程中，他们提到最多的都是“他”，其实自己的利益根本没有受到任何的损失，生气只是因为“他”的错误。这时候，你才会发现，自己生气真的是用别人的错误来惩罚自己。那么，何必要用他人的错误，在自己心中点一把火呢?

生气是对自己的惩罚，有人对此不理解，生气所发泄的对象都是别人，怎么自己还成为惩罚对象呢？其实，不然，你若理解生气对一个人健康的危害性，你就明白了什么叫作惩罚了。美国心理学家埃尔马进行了一个简单的实验：把一支玻璃管插在盛有水的容器里，然后让实验者把气吐到水里，以此收集人们在不同情绪状态下的“气”水。通过实验结果发现：一个心平气和的人吐出来的气进入水中，水澄清透明，一点杂色都没有；一个有点生气的人吐出的气进入水中后，水会变成乳白色，而且水底还有沉淀；一个怒发冲冠的人吐出的气进入水中，水会变成紫色，水底有沉淀。心理学家埃尔马将那紫色的“气”水抽出部分注射在小白鼠身上，没想到只过了几分钟，小白鼠就死了。对此，他得出了这样一个结论：一个人在生气时，体内会分泌出许多带有毒素的物质。这样，想来大家明白生气是拿别人的错误来惩罚自己了吧。

有一天，佛陀在竹林休息的时候，突然，有一个婆罗门闯了进来，由于同族的人都出家到佛陀这边来，这位婆罗门对此感到很生气。见到了佛陀，婆罗门就开始胡乱责骂，佛陀并没有说话，等到他将心中怒气发泄完以后，安静了下来，佛陀才说：“婆罗门啊，在你家偶尔也会有访客吧！”婆罗门感到很奇怪：“当然有，你何必这样问？”佛陀笑了，说道：“婆罗门啊，那个时候，你也会偶尔款待客人吧。”婆罗门点点头：“那是当然了。”佛陀继续说道：“婆罗门啊，假如那个时候，访客不接受你的款待，那么，这些菜肴应该归于谁呢？”婆罗门想也不想，就回答说：“要是他不吃的话，那些菜肴只好再归于我！”

佛陀看着他，又说道：“婆罗门啊，你今天在我的面前说了这么多坏话，但是，我并不接受它，所以，你的无理胡骂是归于你的！婆罗门，如果我被谩骂，而再以恶语相向的时候，就犹如主客一起用餐一样，因此，我不接受这个菜肴。”然后，佛陀说了这样几句话，“对愤怒的人，以愤怒还之，是一件不应该的事情。对愤怒的人，若是不以愤怒还之的人，将可以得到两个胜利：知道他人的愤怒，而以镇静自己的人，不但能胜于自己，也能胜于他人。”婆罗门接受了这番教诲，并出家佛陀门下，后来，他成为了阿罗汉。

佛陀告诉我们："在不顺利的境况下，能够做到不生气，不发怒，这本身就是一种生活智慧。"最近，在朋友群中流行着这样一句短信：我生什么气！我生气是拿你的错误来惩罚我自己。与其耗费多余的精力去生气，不如好好打理自己的心情。央视主持人朱军曾说："得意时淡然，失意时坦然。"心由境造，我们所面对的是一个多变的世界，可能，我们改变不了环境，但是，我们却可以改变自己；可能，我们改变不了事实，但是，我们可以改变态度。正所谓"大肚能容天下难容之事，笑天下可笑之人"，如果你知晓了这个道理，那还有什么气可生呢？

的确，当自己生气的时候，不妨冷静下细想，自己的生气是不是在大多数是为他人，他人呢？真正的错误并不在自己，何必要在自己心中点一把火呢？有时候，令自己生气的人已经走远了，还在为他生气，这值得吗？那些令自己生气的事情已经过去很久了，还在为它生气，这又是何必呢？在更多的时候，我们都是拿别人的错误来惩罚自己，而在惩罚自己的同时，也达不到纠正别人错误的目的。所以，与其拿别人的错误来惩罚自己，倒不如让自己良好的美德来揭示对方的缺陷。

指责会让心中燃起怒火

萨谬尔森说："人们在交往中应多一些体谅而非责难。"对于一个犯错者来说，他所需要的是指教与原谅，而不是怒骂与责罚。当你试着去原谅一个犯错的人，你会惊讶地发现这样一个事实：原谅和教导更能让一个人醒悟与进步。在现实生活中，面对他人的过错，大多数的人总是习惯于愤怒地指责对方，甚至采用一些看来很残忍的方式对其进行责罚。因为，这

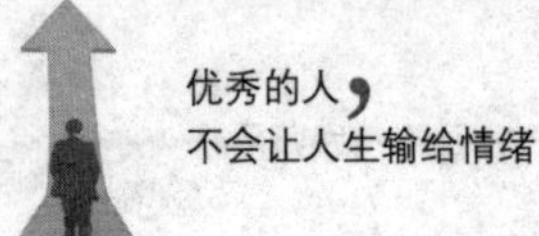

样一来，他们才感觉到内心的不满被发泄了出去，而对方又受到了真正的惩罚，但是，真的是这样吗？怒骂与责罚只会让对方感到更受伤，在他心里，第一感觉并不是意识到自己错了，而是感觉到自己的自尊受到了严重伤害。似乎，责罚者并没有达到自己预期的目的，反而因为怒骂而为自己树立了一个敌人。而原谅与教导就不一样了，原谅与教导能使一个人清楚地看到自己的错误，同时，他还会对你心存感激。所以，我们要学会认清一个规律：面对他人的错误，教导比怒骂和责罚更管用。

佛说："当你战胜了嗔恨的心魔，生命因此更自主、自在与自由。"原谅了别人，我们才是真正的强者。那些怒骂、责罚他人的人，并不是真正的强者，他人的错误需要我们的指教，而我们内心的心魔则需要我们自省，克制内心愤怒情绪所带来的不良言行，战胜自己。印度领袖甘地曾要求自己不要怒骂任何人，他这样说道："我知道这很难做到，所以，用最谦恭的态度，尽量达成这项自我的要求。"一个人的心如同一个固定容量的容器，当关爱越来越多的时候，愤怒、仇恨就会被挤出去。试着放弃心中的愤怒，努力克制嗔恨的心魔，原谅他人，给予他人以宽容的教育，不要总是怒骂、责罚，而是学会谅解。

有一天，发明大王爱迪生和他的助手辛辛苦苦工作了一天一夜，终于做出了一个电灯泡。他们非常珍惜这个成果，就叫来一个年轻的学徒，让他把这个灯泡拿到楼上的实验室好好保存。这名学徒知道这是个重要的东西，心里非常紧张，结果在上楼的时候，不住地哆嗦，一下子摔倒了，把电灯泡摔得粉碎。爱迪生感到非常惋惜，但并没有责罚这名学徒。过了几天，爱迪生和他的助手又用了一天一夜制作了一个电灯泡，做完后，爱迪生想也没想，仍然叫来那名学徒，让他送到楼上。这一次，什么事也没有发生，这个学徒安安稳稳地把灯泡拿到了楼上。事后，爱迪生的助手埋怨他说："原谅他就够了，你何必再把灯泡交给他呢，万一又摔在地上怎么办？"爱迪

生回答："我这是在教导他，原谅不是光靠嘴巴说说的，而是要靠做的。"

试想，如果我们处于爱迪生当时的处境，或许早已经火冒三丈，开始怒骂那位学徒，甚至会选择开除对方作为一定的惩罚。有的人习惯于责骂他人的错误，尤其是自己的利益遭受到一定损失的时候，他的情绪会一下子失控，愤怒占据了他的内心，而那些指责和怒骂就会随之脱口而出。其实，我们可以仔细想一想，怒骂与责罚他人并不会消减我们内心的不愉快，反而使那种恶劣的情绪有加剧之势，同时，还增加了一个情绪不满者，就是那个被自己怒骂、责罚的人。所以，在任何时候，原谅他人，给对方以指导，这都是一个有益的选择。

王先生在中午有个特别的习惯，就是外出散步，或许每次都认为自己走得并不远，因此，即使他一个人在家里，王先生也不会锁门。这天中午，王先生像往常一样外出散步回来，突然，他听到了卧室传来轻微的响声，乐观的王先生摇了摇头，家里怎么会有别人呢？这时，小提琴的声音响起来了，而且声音越来越大，王先生脑中冒出个念头，难道是有小偷？他慢慢走进了卧室，果然看见一个衣衫褴褛的少年正在抚摸自己珍藏的小提琴，那小提琴就好似自己的生命一般，一向性格温和的王先生沉下脸，他觉得这个少年一定是小偷，于是，王先生站在了门口，用身体挡住了孩子的去处。这时，王先生看见少年眼里满是胆怯和绝望，那种眼神十分熟悉，不禁让王先生想起了自己的童年。那一瞬间，王先生脸上堆满了笑容，他决定宽容这个孩子。

王先生笑着说："你也是来找王先生的吗？我猜你一定是他的学生吧，而且，你小提琴拉得不错哦。"少年愣了一下，警惕地问道："那你是谁？"王先生回答说："我？我是王先生的朋友，本来打算邀请王先生一起散步，没想到他已经走了，真是扫兴啊！"说完，他的目光移到了小提琴上，好奇地问道："这是你的小提琴吧，真漂亮，王先生曾经也有跟这样子差不多的小提琴，听说他赠送给了一个学生，希望这个学生跟你一样，是一个聪明好学的孩子。”少年迟疑了一会儿，点点头，说道：“既然王先生不在家，那我先告辞了。”说完，少年小心翼翼地将小提琴拿走了。

三年过去了，在一次音乐大赛中，王先生被邀请担任决赛评委，最后，一位名叫科奇的男孩夺得了第一名。在评分时，王先生觉得自己好像在哪里见过他，但一时又想不起来。这时，科奇拿着一只小提琴匣子来到了王先生面前，他涨红了脸，说道：“王先生，你还认识我吗？”王先生一片茫然，科奇眼里似乎有泪：“您曾送我一把小提琴，我一直珍藏着，直到有了今天！三年前，我无意走进了你家里，被你发现了，可是，好心的你并没有责怪我，反而说你是王先生的好朋友……”科奇打开了琴匣，王先生一眼就认出了自己那把心爱的小提琴，他笑了，因为这位少年并没有让自己失望。

王先生的宽容让少年重新拾起了自尊，而且，挽救了一个迷途少年的灵魂。如果时间倒流，王先生选择怒骂、责罚等方式来对待少年，那么，世界上可能就少了一位优秀的小提琴家了。三年过去了，科奇对王先生的宽容依旧那么难以忘怀，因为那份宽容带来的教育，让少年对王先生充满了敬仰之情。

将眼光放在更远处，别只看眼前

宽容是一种智慧，更是一种博大的胸怀。一个懂得宽容的人，一定是一个有着长远眼光的人，因为他的眼光并不只看到了眼前的人和事，而是将焦视角放在更远处，这本身就是一种智慧。愤怒与生气都只是暂时的，眼前的，生气之后会怎么样呢？可能，那些被愤怒所吞噬的人并没有思考

过这个问题，他们所关心的是：我现在很生气，我需要发泄内心的不快，其他什么事情我都不会管。可是，有人仔细想过这些问题吗，如何处理那些受生气情绪伤害的人们？毕竟，生气是一种情绪发泄，它的表现形式有可能是怒骂、责罚，甚至有可能是武力，而这所有的方式都是对人不对己，受伤害最大的并不是我们，而是我们身边的人。纵然，愤怒的情绪需要发泄，生气也并不是多么严重的事情，但是，难道别人就应该受到无缘无故的伤害吗？那些有了裂痕的人际关系如何维系？这些都是我们不可忽视的问题，所以，每一个正在生气或打算生气的人，都应该将自己的焦视角放在更长远的地方，而不只是看到眼前的人和事。

在民间，流传着一个关于“六尺巷”故事：

清朝时期，宰相张廷玉与叶侍郎都是安徽桐城人，两家是邻居，由于都要建房造屋，两家人为地皮而发生了争执。张老妇人修书北京，希望张宰相出面交涉。谁知，张廷玉看见了来信，立即作诗劝导老夫人：“千里家书只为墙，再让三尺又何妨？万里长城今犹在，不见当年秦始皇。”张老夫人看见了书信，立即主动把墙退后三尺，叶侍郎家看见了，也马上把墙退后了三尺。这样，张叶两家的院墙之间形成了六尺宽的巷道，成了有名的“六尺巷”。

俗话说：“宰相肚里能撑船。”在“六尺巷”的故事里，张宰相的肚量似乎比叶侍郎更大，而且，他的眼光也看得更长远。张宰相在诗中说道“千里家书只为墙，再让三尺又何妨？万里长城今犹在，不见当年秦始皇”，意在暗示家人，去占这一点小便宜能有什么用呢？千里送来的家书只是为了争一堵墙，这完全是没有必要的，不如主动放弃，反而会赢得好的名誉。果不其然，当张家主动把墙退后三尺的时候，叶侍郎一家看见了，也马上把墙退后了三尺，“六尺巷”逐渐流传开了，而张宰相与叶侍郎两家的宽容却是流传得广。人们在听到这个故事的时候，都会发出感叹：“真是宰

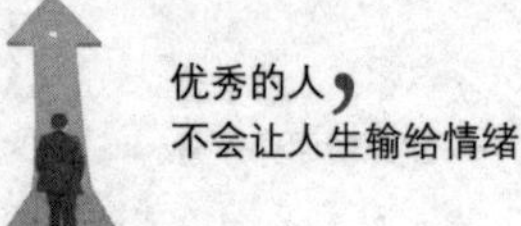

相肚里能撑船啊。”

有一天，迈克尔在路上走着，他边走边把竹条缠绕在自己的身上玩，谁料，一不小心，迈克尔的竹条一端脱了手。当时，迈克尔站在木桥边，正对着大门，一位农民的儿子在那里放了一罐水，准备挑回家。不巧的是，迈克尔的竹条反弹回来把水罐打翻了，不过，装水的罐子并没有破碎。发现自己闯祸了，迈克尔急忙赔礼道歉，可是，农民的儿子却跑过来就开骂，一点也不理会迈克尔的解释。令迈克尔没想到的是，他竟然一把抓住了自己的竹条，并残忍地将那只竹条折扭了。

这竹条可是父亲送给自己的，如今却扭成了这个样子，迈克尔十分生气，回家的路上，他不停地咕哝：“我一定要报复他，我要他从心底感到后悔。”正在花园里散步的父亲听见了，好奇地问：“你让谁从心底里后悔呀？”迈克尔向父亲说了事情的经过，父亲笑着说：“他的确是一个坏孩子，但是，他已经受到了惩罚，他没有朋友，也没有娱乐，这就是对他的惩罚。”迈克尔却执意说：“那竹条可是你送给我的礼物，那么漂亮的竹条，我只是无意打翻了他的罐子，我一定要报复他。”父亲抚摸着迈克尔的头，温和地说：“迈克尔，我知道你是一个好孩子，做任何事情都应该思考清楚，我向你承诺，我可以再送你更漂亮的竹条，但是，如果你执意要报复，并且认为那才是对他最好的惩罚，这只是你现在的想法，以后你肯定会后悔的，你自己才会从心底里后悔。”迈克尔陷入了沉思，他暂时放弃了报复的念头。

几天过去了，迈克尔似乎忘记了那天的事情，那天，他又遇到了那位农民的儿子。这一次，他正挑着一担重重的木柴朝家里走去，结果却不小心摔倒在地，爬也爬不起来。迈克尔看见了，急忙跑过去帮忙捡起了木柴，这时，那位农民的儿子感到很愧疚，心里很难受，为之前的行为感到后悔，甚至在迈克尔离去的时候，他还小声说了一句：“那天，对不起！”而迈克尔则高高兴兴回家了，他想，或许这才是最好的报复，我不会后悔的，如果不是当初父亲提醒我，可能我现在正在忏悔呢。

其实，当我们试着去宽容别人的时候，受益最大的却是我们自己。宽容所体现的是一个人的大度与涵养，同时，它是一种积极的生活态度和高尚的道德观念的表现。如果在他人犯错或者事情出现了问题的时候，我们能以宽容待之，定能给大家留下好的印象，为建立和谐的人际关系奠定基础，更为关键的是，我们不仅赢得了他人的好感，而且获得了一份愉快的心情。生气，它所破坏的并不是一个人的好心情，有可能是一大群人的心情，因此，不要轻易生气，尤其是不要因为生气而做出一些后悔的举动，试着将眼光看得长远一些，这样既赢得了美誉，又为自己赢得了一份好心情。面对他人的无礼举动，克制内心的愤怒，不要去寻找一时的快感，不要只贪图口头之快，否则，我们的余生将在悔恨中度过。

第10章 清除焦虑情绪——学会主动自我减压和放松

情绪是一个很奇妙的东西，或许因为一点点事情的牵连，你就会烦躁，就会焦虑。焦虑，对现代人来说，如影随形。有时候会突然感觉莫名的恐惧、紧张、担心，甚至没什么缘由。坐立不安、精神紧张、四肢发冷、心跳加速，总之，焦虑弄得你很心烦……如何清除焦虑？如何让心情平静？其实，主要还是靠自己的调节能力。我们可以通过自我减压的方式来放松身心，这样即便外界如何变幻，我们都能有强大的内心来面对。

缺憾也不失为一种美

世上哪有百分百的完美的人生，其实，唯有缺憾的人生，才称得上是真正的人生。如果你总是刻意追求完美，做一个完美主义者，那么到最后你可能连本应得到的都失去了。有的人一生奔波于追求完美的路上，甚至处处苛求完美，随之就会变得焦躁、心烦、压抑，其实这就是掉进了完美的旋涡。凡事都要讲究一个度，如果过分地追求完美，那就会与自己的初衷相悖。其实断臂的维纳斯那种缺憾美，至今令人赞叹不已，我们又何必抓住完美的尾巴而失去了自己呢?

曾经有这样一个人，他用檀木做了一张弓，这张弓有个很大的优点就是射箭又远又准，可是他觉得它还是不够完美，因为有个缺点就是比较笨重而且外观不是很华丽，于是他请艺术家在弓上雕一些图案。他去找艺术家在弓上雕了一幅完整的行猎图。这个人拿着这张完美的弓，心中充满了喜悦。

“这下你简直是无可挑剔了，非常完美啊！”这个人一面想着一面拉紧了弓，这时，弓弦“咔”的一声断了。

或许这就是生活，你如果总是苛刻地去追求完美，那么你最终连本该拥有的都将失去。少一点苛求，正视不完美的人生，或许你将收获更多的欢乐。

传说有一个非常厉害的雕刻家，他处处追求完美，他手下所雕刻的艺

术品可以说是栩栩如生，很难让人分辨出它是真的还是假的。可是有一天他从死神那里得知自己的生命马上要终结了，此刻的他非常痛心，他跟其他人一样也畏惧死亡。他苦思冥想了很久，最后终于想到一个好方法，他做了 10 个自己的雕像。当死神来敲门时，他藏在了那 10 个雕像之间，屏住了呼吸。

看到这个情景，死亡之神感到很奇怪，为什么会有 11 个完全相同的人呢？这简直是太神奇了！死神简直不知带走哪个才好，于是他去请求上帝的帮助。

上帝微笑地把死神叫到身旁，在死神耳旁轻声说了一句话。

死神问："你确定这样真有效果吗？"

上帝说："不要疑惑，试一试你便知道。"

死神充满着疑惑地再次来到雕刻家的家里，往四周看了看，说："先生，你做的雕塑真的是非常不错，可是有个小小的瑕疵。"

这个追求完美的雕刻家完全忘记了自己此刻的处境，立即跳了出来问："什么瑕疵？"

这时死神哈哈大笑了起来，说："朋友，这就是瑕疵——你无法忘记你自己，天堂都没有完美的东西，何况人间。走吧，你的死亡时刻已经到了！"

是啊，天堂都没有完美的东西，何况人间？

朋友们，看到了吧，这就是事事追求完美的结果，不要掉进完美的陷阱，否则你会败得一塌糊涂。你是不是一直渴望交一个没有任何缺点的朋友？你是不是一心要找个待遇好、地位高又很轻松的单位上班？你是不是在比赛的时候，一定要赢，否则就不参加比赛？别做梦了，你只是在浪费你的时间。

为自己的目标一直向前吧，奋斗过，努力过，就不后悔。坦然面对一切的缺憾，努力让自己的人生更完美，这或许也应该是我们永远的追求吧！

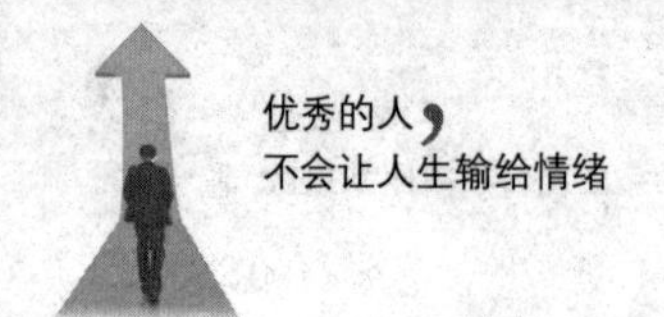

焦虑会遮挡心灵的阳光

有一天清晨，有一个人一早就在小镇的街市上溜达，忽然他看到死神来到街市，他走向前去问他：“你来这里干什么呢？”死神说：“我要来接走100个人离开这个世界。”

“天哪，怎么会这样！”那个人说。

“没办法的事情，”死神说，“这是我的职责。”

于是这个人赶紧跑去告诉大家这个消息。

到了晚上，他又碰见了死神。

“为什么你撒谎呢？”这个人说，“你说带走100人，为什么死去了1000个人？”

“我没有骗你。”死神回答，“我带走了100个人。焦虑带走了其他那些人。”

看完这个简短的小故事，我们应该明白焦虑比死神更可怕。生活是五光十色、色彩斑斓的，我们必须学会用心去经营、呵护，避免蒙受焦虑的尘埃。所以说，我们要珍爱生命，远离焦虑，及早走出人生的雾霾，不断向上，敞开心扉去拥抱更多的阳光。

沙鼠是撒哈拉沙漠中的一种常见的小动物，在旱季的时候它们会严重缺乏食物，因此囤积食物便成了它们每年为填饱肚子必须要做的一件大事。所以，在旱季之前的一段时间，它们总是不断地奔跑在大地上寻找食物，日日夜夜忙得不可开交。

让大家震惊的是，虽然它们收集的食物已经完全可以帮助它们度过饥饿期，但是它们仍是不停地寻找、囤积，这样它们似乎才能心安理得，才会踏实。否则便焦躁不安，嗷嗷叫个不停。而实际情况是，沙鼠根本用不着这样劳累和过虑。

经过研究证明，这一现象是由于一代又一代沙鼠的遗传基因所决定的，是沙鼠出于一种本能的担心。老实说，沙鼠内心的担忧使它们做了严重超乎需求的努力，可以说是没什么实际意义。本来只需要囤积几公斤的食物，而它们却囤积了几十公斤的食物来安稳自己的内心。绝大多数都腐烂浪费了。曾有不少医学界的人士想用沙鼠来代替小白鼠做医学实验。因为沙鼠的个头很大，更能准确地反映出药物的特性，但所有的医生在实践中都觉得沙鼠并不好用。其问题在于沙鼠一到笼子里，就表现出一种不适的反应，它们到处在找草根，连落到笼子外边的草根它们也要想法叼进来。虽然在里面它们什么都不缺，有着充足的粮食，但是它们还是无法安心下来，最终它们慢慢地全部死去了。

其实，在这些沙鼠的潜意识里总是存在着粮草不足的忧虑，即便是粮草充足它们也是不踏实地整天忙碌。确切地说，它们是因为极度的焦虑而死亡，是来自一种自我心理的威胁。

焦虑，不仅影响我们的心情，让自己烦闷苦恼，严重时还会危及生命。我们要及早走出焦虑，做一个阳光的人，一个积极乐观的人，这样人生才不会那么疲惫与不快。

对于备受焦虑烦恼的人来说，生活可以说是非常压抑，因此，我们要学会及早帮助自己走出这段阴雨天气，恢复健康生活状态。

1. 社会适应能力很重要

生活中人们较大的压力和对社会的不适应容易产生焦虑心理。但是如果我们主动融入这个社会，改变一下自己生活的固有模式，提高自己的环境适应性和调节能力，就会发现生活美好积极的一面。

2. 睡眠充足

睡眠不足或睡眠质量不好是焦虑人群的普遍现象，长期下去如果不努

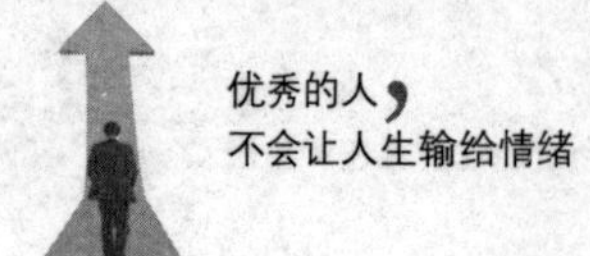

力改善，将会造成很大的危害。所以我们可以选择在睡觉前洗个热水澡，让我们更好地入眠。

3. 增加自信

一些对自己没有自信的人，总是会对自己的能力产生怀疑，他们还会夸大自己失败的可能性，从而变得紧张、担忧等，长期下去易产生焦虑症。因而，我们应该相信自己，每天给自己更多点自信，焦虑的情况就会有所降低。

压力变动力，焦虑随风而去

有人觉得压力就是一种负面影响，会让人劳累，心烦，甚至精神失常。可是我们也应该想一下，为什么同一件事情，不同人的态度是不一样的呢？为什么有的人不会这样想呢？其实，这就是心态问题。压力是可以转化的，负面情绪也是可以调节的。谁都会遇到挫折，只要我们学会转换，把压力变为向上的动力，那么，最终成功一定会向我们招手。

曾经在台湾有一位有志青年，他大学毕业时梦想着在社会上通过创业打下自己的一片蓝天，可是面临现实他却一直没有下定决心。时间过得太快，已经到了结婚的年纪，于是他跟很多人一样步入了婚姻生活，虽然家庭美满工作轻松，但是他总觉得自己应该去创业实现梦想。

随后，他把自己内心的真实想法告诉了自己的岳父。可是，岳父却很反对，并给他算了一笔账：“以我几十年的经验来看，90%的年轻人都想过创业；而在想过创业的人中有 90%只是想想；在付诸实践的创业者中又有 90%的人最终以失败告终；在创业了且碰到好项目的人中又有 90%的人

只是小有成就。因此，要想成为一个大企业家，就好比爬金字塔的顶尖，难上加难呀！”

原本让他能够放弃自己的想法，可是他听了之后却这样回答：“多谢您的开导，我明白自己应该如何去做了。”不久，他便辞去工作，拿出了所有积蓄，又向父母借了点钱，踏上了创业的征途。

一开始，他着手经营电视机零件，慢慢取得了一定的成就，紧接着他开始投资建模具厂。在当时，房地产市场非常火热，可是他没有表现出多大的兴趣，而是一心经营着自己的模具厂。一年以后，地价翻了一番，不少人劝他把模具厂卖掉进军房地产，但他却固执地拒绝了。几年后，房地产市场逐渐萎缩，他的模具厂技术和效益都突飞猛进，成为同行业中的佼佼者。

1999 年，他一下走向了世界，收购多家企业，手下的员工遍布世界，成就不可小觑。他便是如今纵横四海的台湾科技首富——鸿海集团董事长郭台铭。

多年以后，在一个企业家论坛上，他是这样向大众解说自己的成功的。他说：“有人说，想创业的人 90%没有付诸实践，我想当那有压力的 10%，因此，我果断地创业了；有人说，创业的人 90%没有成功，我又想当那有压力的 10%，因此，当房地产火爆时我坚持了自己的选择；有人说，项目选对的人中 90%只是小有成就，我想当那有压力的 10%，因此放眼全球，进行了一番科学规划，才终于有了鸿海集团的今天。”

其实，每个人都想成功，可是面临压力又有多少人能坚持下来呢？在奋斗的过程中，很多人变得焦躁不安，出现一系列的精神压力，于是慢慢地不断退缩，当初的梦想也就抛之脑后了。劳累与迷茫时的焦虑情绪是很正常的，可是过度的焦躁则会引发心理疾病。我们可以学习一下创业成功的郭台铭，把压力变成动力，相信自己能成为那极少数的成功者，把那些浪费在焦虑上的时间用来寻找解决问题的办法上。那么这种压力也能成为一种力量，一种劲头，一种拼搏，将会促使你不断前进，获取成功的喜悦。

化压力为动力，这是一种非常乐观，非常积极的方法，这不仅能消除焦虑，还能带来更大的收获，何乐而不为呢?

1. 把挑战当作乐趣

其实挑战也是一种向上的动力，它能够很好地判断你是一个强者还是弱者。真正的强者会把挑战当成一种乐趣，一种享受，在不断战胜的过程中增强自己的信心与能力。越挫越勇，把挑战看成是对自己能力的肯定。

2. 乐观心态

在压力面前，你越消极，你的生活就会越发疲惫。开心是一天，不开心也是一天，为什么不保持好心态天天快乐呢? 所以说，困难面前，乐观面对是最基本的，凡事看开点，积极点，没有什么过不去的坎。

3. 脚踏实地

一步一个脚印，脚踏实地才能做得更好。不要总想着一蹴而就的好事，没有谁能随随便便成功。所以，从此刻开始，收拾好心情，斗志昂扬不断前进吧。

别太敏感，想太多会更焦虑

人会思考，思考让人的大脑充满更多的智慧。可是思考太多，想太多的话就会成为一种心理疾病。很多时候，有的人会因为别人无意间的一句话，别人的一个神态，内心就会翻江倒海般纠结、怀疑、想象……把自己折腾

得缺乏理性，变得愚钝，以至于疑神疑鬼。比如，你的主管交给你一个任务，后来就随意说了一句“别忘记了周二下午交给我”。但是，这时候你就开始浮想联翩了“这句话是什么意思？他不相信我吗？他以为我是不按时完成任务需要叮嘱才可以吗？……”心里总是在纠结这句话是什么意思。其实，总是担心一些没有的事，从而让自己变得焦虑不堪，心里乱糟糟的，这就是想太多导致的焦虑问题。

关于烦恼的来源问题也引起了心理学家的广泛关注，他们曾做过这样一个实验：他们安排参与实验的人们在周末将自己接下来这一周的烦忧与苦恼写在纸条上面，并写上自己的名字，然后将纸条投入“烦恼箱”。一周之后，心理学家打开了这个箱子，将所有的“烦恼”还给其所属的主人。并让志愿者们逐一核对自己的烦恼是否真的发生了。结果发现，其中 90% 的“烦恼”并未真正发生。紧接着，再让这些人把上周真正出现过的烦闷的事情写下来，再次放进“烦恼箱”。三周之后，心理学家再次把箱子打开，让志愿者重新核对自己写下的烦恼，这次，绝大多数人都表示，自己已经不再为三周之前的“烦恼”而烦恼了。

其实，我们何尝不是呢？生活中，总是夸大一些事情，遇到麻烦总觉得大过了天，其实只要耐心去处理，都是一些纸老虎罢了。所以，烦恼真的是自己寻来的。

罗曼还是学生的时候，就常常因为晚上睡不着觉而忧虑，她尝试了很多种办法，也咨询了医生，但依然会失眠，每天晚上都辗转反侧，难以入睡。但是后来，罗曼发现，即使自己每晚睡很短的时间，第二天也依旧会精力充沛。于是，她开始思考是不是不再强迫自己晚上必须要和别人一样早早入睡。她开始用晚上的时间学习、读书。结果出人意料，她不但没有因为睡眠不足而精神不振，反而通过对晚上时间的合理利用，轻松地取得了物理学博士学位。

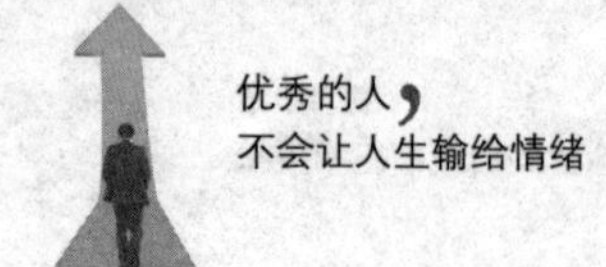

当人们好奇地问她长期失眠，身体是否出现什么不适的时候，她平静地回答说：“我一直都很好，精力充沛，全身心地生活和工作，从来没有为此事担忧过。”

在罗曼的一生中，她的睡眠时间比正常人少很多，但是从来没有影响过她的生活和工作，她一直活到 81 岁高龄。假如她整天为失眠而忧虑，那她的人生肯定不会这么长。正因为她知道自己精力充沛，不需要太多的睡眠，才能如此快乐地生活。

没有的事情你非要去想，未知的事情你非要提前去担忧，这不是作茧自缚，自我折磨吗？想得太多，心里堆积的事情太多，那么久而久之你就会变得焦虑烦躁，身心也会受到极大的影响。所以说，不要想那些有的没的，给自己徒增烦恼了。快乐是自己创造的，烦恼也是自己找来的，过好当下的生活，尽力把自己的每天都过得充实，每一件事都努力做得更好，那就足矣。

我们每天忙碌自己的生活中的事已经够累的了，如果还要想写乱七八糟的，那还怎么休息呢？所以说，别太敏感，放轻松吧。

1. 认真对待生活

人活一世，一定要开心，如果连开心都没有，那么人生又有何意义呢？很多人总是抱怨生活不易，其实我们应该明白我们当下拥有的却是很多人所羡慕的。但是都快乐地生活着，并不是每个人都能成功的，只要你努力对待每件事情，对生活认真一点，只要你认真对待每一天，不管你的人生怎么样，我相信都是精彩的。加油吧！

2. 倾诉与发泄

如果一直压抑着自己，会对自己的身心健康造成很大的影响，因此要懂得倾诉和发泄情绪。可以是朋友，也可以是亲人，我们要从他们那里寻求看法，以疏散郁闷情绪。还可以自我放松，多参加休闲运动。另外，积极参加集体活动，搞好人际关系，你会发觉你的每一天都是快乐的。

3. 转移注意力

不开心，那就试着把自己的情绪转移到其他地方，让自己学会忘记吧。比如，看着一朵花、一点烛光或任何一件柔和美好的东西，细心观察它的细微之处。点燃一些香料，微微呼吸它散发的芳香。慢慢地，自己就会归于平静心态。

倾诉会让心情变得轻松

正如心理学家所说：“适当地向别人诉说心事，可以减小自己的生活压力，使自己长时间地保持健康的心态。”生活中，我们可以多与朋友聚一聚，谈谈心事，聊聊家常，分享一下乐趣的同时，也互相分担一下彼此的烦忧。有些事情是需要说出来的，说出来，心里就会轻松很多。

小惠是一名中学教师，最近心情很烦闷，因为她自己辛勤工作了一年，出色地完成了各项教学工作，本以为在年度考核中能够被评为优秀教师，结果却事与愿违。一连几天，小惠都处于一种难以名状的消极和失落情绪中，无法自拔。

周末的时候，她找她最好的朋友宁宁一起吃饭，倾诉她这些天来心里的烦恼。宁宁的一句话点醒了她：“你再仔细想想，得到‘优秀’的其他老师都是多年的老教师吧？也许你自认为应该得到的‘优秀’，可是跟那些有着很大成绩的老教师相比，还是有着差距的，所以你应该做的不是消沉，而是多去跟他们学习。”

事实确实如此，但学校里的其他同事，有着共同的利益冲突，谁又能直言不讳呢？即使相告了，小惠就能相信吗？所以，跟好友就不同了，他

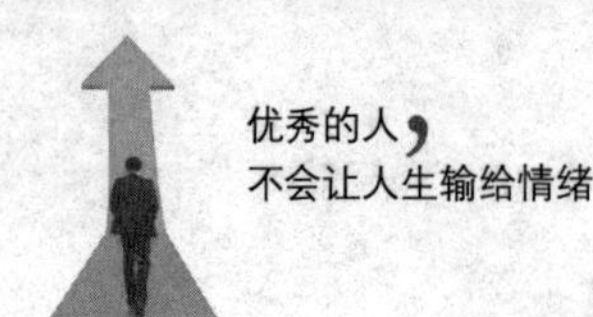

会站在旁观者的角度帮你分析情况，纾解心情，从而把烦恼抛却一边。

委屈放在心里时间久了就会发酵，让你变得焦虑。所以说，学会倾诉才能更好地面对生活。相信自己的朋友，向他们倾诉内心的烦恼，心情会舒畅很多。倾诉是一种情感的发泄，内心的交流，倾诉不等于是抱怨，抱怨是指责与埋怨他人。把心里的一些委屈和毒素排放出来，心灵就会有更大的空间，容纳更多有益的东西……

第11章

不被他人的坏情绪传染——做一个传递正能量的人

经研究发现，原来心情舒畅、开朗的人，若同一个整天愁眉苦脸、抑郁难解的人相处，不久也会变得情绪沮丧起来，一个人的敏感性和同情心越强，越容易感染上坏情绪，这种传染过程是在不知不觉中完成的。情绪是可以传染的，我们要处理好自己的情绪，不被他人干扰，还要散播正面情绪，让身边时刻充满着正能量。

从容淡定，不为外界烦扰

“不以物喜，不以己悲”，这句话或许更能体现一个人的淡定与从容。人生在世，可谓世事难料，生活总是充满着变幻与挑战，或许是顺境，或许是逆境，只要懂得淡定面对，一切都会是过眼云烟。我们不能把控命运，但是我们可以掌控自己的心态，所以情绪是由心而生的。淡定是一种人生态度，它是指，不以物喜，不以己悲，稳定自己的心态不受外界的影响，不以一时的“得”而过分喜悦，也不因为一时的“失”而烦恼。万物自有它自己的规律；我们对待自己的未来要有“不以物喜，不以己悲”的平常心。

“不以物喜，不以己悲”，这句话出自范仲淹的《岳阳楼记》，它是一种至高的人生境界，抛却外世的复杂变化，以一种淡然忘我的心态面对人生。新东方的创始人俞敏洪说：“别人用一年做成的事我用两年，别人用五年做成的事我用十年，别人用十年做成的事我用二十年，实在不行了我就每天保持平和的心境，当他们离开这个人世的时候，我还愉快地活着。”心态的平和淡定对于人的一生有着不可小觑的影响。

古往今来，物欲在社会中始终占据着很大的比重，所以范仲淹会写下“不以物喜，不以己悲”的诗句来警诫。物质真的是能够带给人们内心最真实的快乐吗？看到自己与他人的贫富差距时，我们会凌乱了自己的内心吗？

在生活中，物质不是评定幸福与快乐的唯一准则，重要的是要有一颗

淡定的心，不为名利所累，不为世俗所扰，不以物喜，不以己悲，轻松地走好人生的每一步。

从现实意义上说，“不以物喜”这句话中的“物”就是指财富、权势等，也就是大家所说的名利。“物”说白了，就是你的财富、你的成就、你认为值得炫耀的东西。“不以物喜”不仅仅是指不为物质名利所累，还有一层含义，即得到的已经得到了，何必沾沾自喜，现在的财富和名利只是证明了过去的价值，在任何时候都别把自己太当回事，无论你曾经取得了多么辉煌的成就，就算是站在了辉煌的浪尖，依然要保持一颗淡定的心。我们应该明白，未来的路还有很长一段时间要走，我们会经历更多的挑战，如果自己沉迷于当前的欲望，那么我们怎么还能有更好的精力去展望新的未来呢？

“不以己悲”是一种人生境界，人活一世不要让外界的烦忧过度地牵绊自己，不要过多地在意一些无谓的东西，同时还要保持好自己的心态，不因一时成败而去否定或迷失自己，让自己陷入沮丧的情绪中，这样也许就完全限制了自己的自由心境，完全埋没了自己。人的一生面临太多得失，所谓“得失”也许真的有得必有失，所谓“舍得”，也许真的先舍才有得！

晋追禅师对于兰花有着一种特别的情感，在他眼里兰花就如同自己的朋友一般。曾经有一天，禅师应他人邀请要出去一趟传授经文，临走的时候特意叫来弟子让他好好照顾兰花。

师父对于兰花的喜爱是出了名的，弟子接过任务之后可谓是小心翼翼，生怕出什么状况。然而越是仔细越是出错，在浇花时他不小心将兰花架子撞倒，瓦盆破碎，花叶零落。看着一地的残花烂泥，弟子吓坏了，不知道如何是好。

天黑了下来，师父这时从外面回来了，看到师父，弟子非常紧张，一五一十地把事情经过跟他讲述了一番，恳求师父不要生气，希望自己得到应有的惩罚。没想到晋追禅师竟然平静地说：“你不是故意的，又晓得

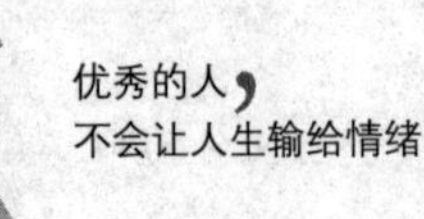

毁坏东西不是一件好事，以后会更小心做事，我还惩罚你做什么？我的确喜欢兰花，视兰花为友。但我种兰花的目的是香花供佛，美化禅院的大众心境，不是为了生气烦恼啊！”

这就是从容淡定，禅师纵然喜欢兰花，但并没有让兰花牵制自己的情绪，因此，兰花的有无，并不影响他心中的悲喜。

淡定的心态，主要是指自己能够面对现实仍能保持一颗不骄不躁的平常心，也代表着一个人有着更深远广阔的心境。人生只有一次，所以必须正确对待人生，保持积极进取的人生观和愉悦心境，怀着一颗健康灿烂的心，自尊自爱自强自乐的心，就能步履轻松地行走，潇洒生活，快乐自己，愉悦别人。

世事多变，心态要保持平衡稳定

没有完美的人生，所以说我们需要保持一颗平常的心态。不要让自己的未来被情绪牵制，也不要让自己的生活被心态扰乱。心态平衡，保持稳定的情绪，才能对待世事变化宠辱不惊，淡然应对。我们要记得“今天过去了，明天即将到来，不管今天遇到了什么，经历了什么，是收获，还是失去，是忙碌，还是悠闲，都不要让烦恼影响到心情，要懂得放松身心去休息，因为明天还要继续，明天又是新的一天。”活着就要保持轻松舒心的状态。

其实生活中遇到一些磕磕绊绊是在所难免的，很多时候挫折不是考验你的能力，而是考验你的心态。我想应该这样做，事情越是棘手，我们就越要沉住气，心态平和地去思考解决问题的方法。只有这样我们才能够合理处理好突发情况和棘手问题，才可以取得良好的效果。

隋朝年间，隋炀帝残暴不堪，民众的反叛呼声日益高涨，各处农民起义不断掀起，隋朝的官员们也渐渐脱离朝廷纷纷倒戈，转向帮助农民起义军。因此，隋炀帝的疑心很重，对朝中大臣，尤其是外藩重臣，更是易起疑心。唐国公李渊（即唐太祖）曾多次担任中央和地方官，所到之处，悉心结纳当地的英雄豪杰，多方树立恩德，因而声望很高，许多人都来归附。可是面临这种情况，身边的人都为他感到担忧，生怕招惹麻烦，被皇上怀疑。正在这时，隋炀帝下诏让李渊到他的行宫去晋见。李渊因病未能前往，隋炀帝很不高兴，多少产生了猜疑之心。隋炀帝有一个妃子王氏，她是李渊的外甥女，当时隋炀帝曾经问起过李渊为何没有朝见，王氏也说是因为生病的缘故。后来，她就向李渊传达了这个消息，从此，李渊处处小心，多加防范起来。由于当时时机还没有成熟，虽然知道早晚也会被隋炀帝处置，但是他也只能谨慎防范，隐忍等待能力强大的那天到来而已。于是，他故意败坏自己的名声，整天沉湎于声色犬马之中，而且大肆张扬。隋炀帝听到这些，果然放松了对他的警惕。这样，才有后来的太原起兵和大唐王朝的建立。

面对隋炀帝的猜忌与当时时局的变幻，李渊并没有因此而自乱阵脚，失了分寸，而是时刻保持心态的平衡，稳定好自己的情绪，等待时机的成熟，让事态自然发展。试想一下，如果面对当时的形势，李渊的能力还没有达到强大的情形下，贸然行动，去反叛隋炀帝，那么历史或许将会重新改写吧。可见情绪与心态对于一个人的成功有着多大的意义啊！

总之，生活无论遇到什么事，心态一定要调整好，应随时随地、恰如其分地选择适合自己的位置，既不以福喜，也不以祸忧，才能在事情的起承转合上控制好！

保持心态平衡是一种境界，也是一种修养。人都是情绪化的动物，有些小情绪是在所难免的，但是不能让它成为阻碍你前进的绊脚石。所以学会自我克制，不受外界环境的干扰是十分有必要的。心态平衡，情绪稳定，才能成就非凡的自己。

（1）每个人都会有遇到困难的时候，当你处于困境时，要多看看别人，别人能渡过难关，自己为什么不能调动潜能去应对突变呢？这样一来，我们的情绪就不会波动太大，也会坦然地处理好问题。

（2）放松肌肉，做你喜欢的事，做一切可使你轻松愉快的事。这样当自己平静缓和下来的时候，再去想那些经历的不幸和烦恼，你也许会觉得它实际上并没有什么大不了的。

（3）驱除你忧伤与烦恼的所有言行，保持你在遭受不幸和烦恼前的生活、学习和工作秩序。要记住，你的感觉和想象并不是事实的全部，实际情形往往要比你想象的好得多。

（4）正确认识自己，有良好的认知能力。人所陷入的困境往往来源于自身，因此，对自己和现实要有一个全面正确的认识。这是突变面前保持情绪稳定的前提之一。

（5）保持理智的情绪是处理问题的关键。当你被暴力、恐惧、嫉妒、怨恨等失常情绪包围时，不仅要压制它们，更重要的是千万不能感情用事，随意做出什么决定。要理智清醒地分析问题，切忌鲁莽行事。

不受别人影响而波动情绪

我们应该明白一个道理，人活一世，不可能做到人人满意，人人喜欢，总会有人对你有所反感。所以我们没必要那么在意别人的看法，影响自己的情绪，让自己在纠结中痛苦。请记住，如果你只知道跟着他人的眼光生活，那么你会逐渐暗淡自己的光彩。

很多时候，很多人因为总是在意他人的眼光，希望做到人人满意，可是转来转去终究迷失了自己。所以说，保持心境通达，做好自己，才能让自己摆脱心灵的束缚。做事情的时候也不要太在意别人的看法，没有必要因为别人的想法而折磨自己。所以说，走自己的路，让别人说去吧。

书画家文徵明想必大家都很熟悉，现在我们来介绍一个曾经发生在他身上的一个故事。文徵明曾想过自己要画一幅能够让所有人都喜欢的画，所以他每天都沉迷于绘画中，不断努力，几个月下来这幅画可以说让自己十分满意，于是他就想到大街上去展示。文徵明在画旁边放了一支笔，并附上一则文字：如果谁认为这幅画哪里有欠佳之处，请赐教，并在画中标出。等到晚上文徵明带着画回去的时候，他发现整幅画都被涂满了标记——每个笔墨都被指出不足。文徵明心中十分不悦，感到失望。

次日，文徵明还是感到不服，决定用另一种方法试一下。于是他又画了一张同样的画拿到市场上展出。但这次，他请观赏者将其最欣赏的妙笔做上标记。结果是，一切曾被指责的笔墨，如今却都换上了赞美的标记。“原来如此！”文徵明不无感慨地说道，“我现在发现了一个奥妙，那就是我们不管做什么，都不要去在乎别人怎么评价，只要有一部分人认可就足够了。因为，在有些人看来是丑的东西，在另一些人眼里恰恰是美好的。”

现实生活中，没有人能做到人人满意。即便你再优秀，也有人对你不满，指责你。当你尽力做事的时候，有人会夸赞你，也有人会讥讽你，同时也有人会记恨你。在这个世界上，没有一个不被批评的人。假如我们一直按着别人的说法去生活，那么这个取悦他人的过程将是你疲惫不堪的过程，也是丧失自我的过程。

或许大家都听说过这样一个故事，讲的是爷孙俩和一头驴的故事。爷孙俩赶着一头驴上集，爷爷出于对自己孙子的疼爱，把驴让给孙子。有人对孙子说，你怎么一点尊老的美德都没有，竟然让自己年迈的爷爷走路。

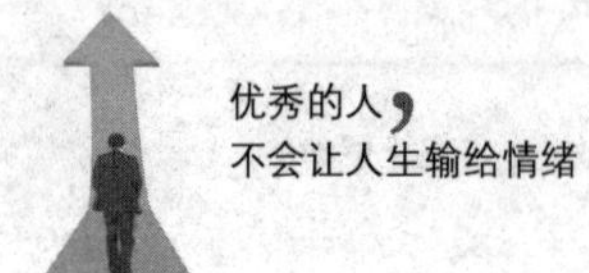

孙子听后，把驴让给爷爷骑，可是又有人对爷爷说，怎么忍心让自己如此年幼的孙子走路呢。于是乎，爷孙俩商量着一块骑，可是这一次反对的意见更大了，怎么忍心让瘦小的驴承受两个人的重量呢！爷孙俩从驴上下来，又商量着那就一块走吧。走了还没一会儿，旁边就有人嘲笑着：瞧那俩人多傻，有驴不骑，还非得走路呢。

这个故事有人说傻，有人说搞笑，有人沉默，有人读出了其中的道理。静心想想，我们何尝没经历过这样的场景呢？那时的我们很迷茫，没有任何的方向感。每个人对事物的认同标准都不一样，你也不可能达到别人所要求的标准。迷茫终究会渐渐削弱自己内心的那份坚持与目标，所以说走出他人的阴影吧，为自己好好地活着。坚持自己，坚持自己内心的想法，不要太看重别人对你的看法，这样你的心情将会好一些，开心也会多一点。

要想改变这种太在意别人看法的习惯，需要做以下几点：

1. 增强自信心

总是听信他人，主要是由于内心的不自信引起的。因此我们要学会增强自信心，提高自己的能力，这样才能自己做出自己的选择，不让自己的情绪因他人而受到波动。

2. 情绪上保持自我

生活上不仅要有自己的主见，情绪也是如此。在与人交往时，要保持自己情绪的自由与独立，不卑不亢，能够合理表达自己的内心感受。

3. 有所行动

想要改变自己最终还是体现在行动中。学会用实际行动表达自己的观点，对于他人的扰乱要学会拒绝，要懂得坚持己见但也不要固执，要不了多久你就会体验到改变，体验到进步，体验到成长，体验到快乐与自信。

他人的过错一笑置之

曾经在水池里住着一只乌龟，它有个缺点就是脾气非常暴躁，总是为了丁点的小事去和别人怄气。可是突然有一年天气大旱，池水枯竭，乌龟就想着要搬出这个地方重新安家。这时候它想到大雁，就决定和它一起飞去南方。可是它没有翅膀又该如何千里迢迢一起去南方呢？于是两只大雁想了一个办法。它们找来一根树枝，让乌龟咬着树枝的中间，它们分别叼着树枝的两端，并嘱咐乌龟不要张嘴，就起身向南方飞去。飞着飞着，越过一片片茂密的森林，越过一块块绿油油的田野。突然听到大地上传来一阵阵笑声，原来是一群玩闹的小孩子，乌龟看到他们在抬头看自己，讨论自己的滑稽与可笑。这时候乌龟非常生气，原先的得意与高兴全然消失了。它顿时火冒三丈，想要大骂那些嘲笑自己的小孩，出一口恶气，可是它完全忘记了大雁对它的忠告。因此，在它一开口的那一刹那，自己就跌了下来，碰到一块石头上摔死了。大雁无奈地叹气说：“暴躁易怒多不好啊！”

这只是一群小孩子，面对他们的不懂事，乌龟没有放下它暴躁的脾气，而是却想着去反击对付他们，结果不仅没有为自己出气，反而把自己的性命给搭了进去。所以，对于别人的无礼，不要太斤斤计较，要宽以待人，避免因他人而让自己陷入坏情绪中无法自拔，不然就会使矛盾激化，害人害己。要相信，心胸狭窄、工于心计的人为了逞一时之快可能会占得便宜，但他们会丧失人们的宽容和敬重，会成为他们成功道路上的羁绊。控制自己的情绪，不被他人所干预，面对他人的冒失能坦然一笑，这就是一种修养。

此外还有一个故事也很好地印证了这个道理。

曾经有一次楚庄王置办好酒宴要宴请群臣，在席间，突然刮起了一阵大风，吹灭了殿上所有的灯，现场漆黑一片。此时，那些侍者非常慌张地去点灯，这时候楚庄王的爱妃则趴到他的耳边轻轻地告诉他刚刚有人非礼她，她挣脱了并顺手扯去了那人帽顶的缨子，等到点上灯就可以找到非礼她的人了。听完爱妃的话，楚庄王稍一沉思，立马喝退点灯的侍者，并令所有大臣都在黑暗中拔掉自己的帽缨。等到大殿里的灯再次亮起时，所有的人都没有了帽缨，当然就不知道是谁对王妃无礼了。多年以后，楚庄王带兵打仗，当时情况可谓是十分危急，关键时刻出现一名猛将拼死保卫楚庄王杀出重围。化险为夷后，楚庄王真诚地鞠躬感谢那员大将。突然，这个人跪在了庄王面前，泣不成声地说："上次夜宴上酒后对王妃无礼的就是我，当时要不是大王宽容我的无礼之举，自己早就是刀下鬼了。"

其实在那个晚宴，当得知爱妃被非礼的时候楚庄王也是非常气愤，可是他经过思考，感觉应该注重大局，所以没有对当时的大臣施以严惩，而是选择了宽恕。仁爱之人，怀有仁爱之心，他们必是大度之人，他们明白：人非圣贤，孰能无过，金无足赤，人无完人。正是庄王的这种帝王之风和宽宏大量，赢得了臣子们的爱戴。

总之，别人对自己无礼，暴躁的脾气又有什么用呢？最终还是伤身害己罢了。如果自己不是恼怒还击，而是用宽宏和大度化解矛盾，这并不是无奈之举，更不是懦弱。在工作和生活中，对别人的无礼多一些理解和宽容，控制一下自己的坏脾气，不要因为他人的冒失而让自己的情绪陷入黑暗。这样才会为生活平添许多快乐，使人生更有意义。

对于他人的冒失，我们是选择以牙还牙还是控制情绪，学会宽容？这里有几个情绪小支招相信对大家的情绪调控有着很大的帮助。

1. 隐忍是一种能力

隐忍是一种智慧也是一种能力，退一步海阔天空，懂得隐忍也是胸怀宽广的表现。有些事情过去了就过去了，何必计较，计较得多了，内心的垃圾也会越来越多。

2. 静下心来

如果你感到焦躁不安，这时候不妨试着去做一些让自己平复心情的事情来缓解一下。比如，喝一杯白开水，放一曲舒缓的轻音乐，闭眼，回味身边的人与事，对未来可以慢慢地梳理，既是一种休息，也是一种冷静的前进思考。

3. 宽以待人

宽容是一种至高的修养。懂得宽容的人，更能把控自己的情绪，化解生活的烦忧。所以，遇事不要暴躁，这样反而会加剧矛盾，要多去理解一下他人，相信你会用自己博大的胸怀赢得对方的敬佩与尊重。

把控情绪，先要强大自己的内心

脆弱不堪的心是经受不住多大的摧残与打击的，更不用说能够保持积极稳定的情绪。所以要想让自己更好地适应社会，融入这个大集体，就要努力学会强大自己的内心，不为琐碎的小事干扰，不为前方的困难焦虑，处事坦然，让情绪常常保持积极的状态。

我曾经看到这样一次争吵：有两个兄弟，都在做健康品批发生意，有一个大单子，哥哥拿到了，弟弟便找上门来理论。说着说着，弟弟就歇斯底里了，在哥哥的公司里大吵大闹。他强调的不外乎这几点：你肯定违背当初的协定，给客户降价了，不然同样的货，同样的价格，不可能人家买你的不买我的；你当初做生意还是我带的，你凭什么跟我抢；你这些年抢我太多生意了，你是一个没有良心的人。在弟弟这样吵的时候，哥哥却在充满同情地看着弟弟，直到弟弟忍不住哭了起来，他才用温和的口气来劝慰。

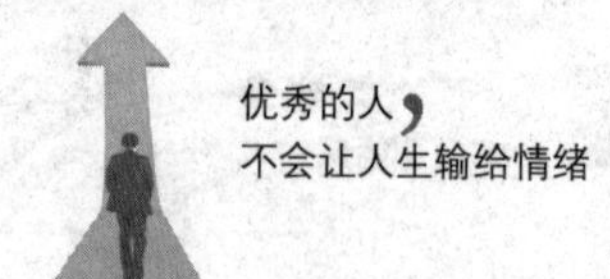

后来，听说两兄弟在一起做生意了，只不过哥哥成了老板，弟弟做了下属。

在日常生活中，你总会遇到这样那样的问题，总会产生各种各样的情绪，而你对情绪的把控能力恰恰体现出你心理的承受能力。有些心理承受能力差的人，情绪很容易失去控制，很容易让自己受到伤害。比如，面对压力，有的人会产生极度的焦虑，以至于恐惧；失去亲人，可能会极度悲伤，以至于抑郁。面对不平，可能会极度愤怒，以至于当众咆哮失态。这些极度的情绪很可能导致当事人做出一些过激的举动，比如自杀、犯罪等，而且这些情绪本身就是对人体能量的一种极大损耗，很多人在经历这些情绪之后往往会大病一场。所以说，我们要保持好的精神状态，就要懂得合理调控自己的情绪，防止情绪超出自己的控制做出冲动的事情。如果陷入了坏情绪里，要努力去克制自己，尽快走出困境，重归好心情。吉姆·史都瓦眼睛出现疾病，在医生的诊断下得知自己不久将会永远都无法重见光明。刚开始他并没把这件事放在心里，而是通过自己不断的付出成功考上了大学。为了跟上老师的进度，他经常熬夜，但眼疾的加重带来了巨大的痛苦，他仅上了十天学，就不得不选择了放弃。

以后的日子，他就去工地上干活，他怕耽误工作进程，就非常拼命地劳作。但是在工友们的劝告下，他认识到自己不应该一辈子待在工地上，所以，他含泪谢过工友，决定复学。

重回读书生活，他又以饱满的精神投入到学习中并取得了很好的成绩，获得了心理学和社会学双学位，并获得学校最高荣誉奖。29岁时他双目失明，但是他因为发明了帮助视障人士“看”电视的方法，而获得了荣誉。

在这个世界上不存在什么绝望，只看你是否努力去拼搏。挫折打败的都是怯懦的人，对于强者来说不过是施加于强力弹簧上的压力，是激发弹力的必要条件。心灵强大的人总是能做到越挫越勇，始终不放弃光明的未来。

所以，任何时候都不要怨天尤人，不要自怨自艾。内心强大，才能把

控好情绪，把控好自己，才能点燃世界，才能让人生为你燃烧！

温室的小花朵是经不住风雨的，脆弱的人在社会上是很难立足的。所以，面对人生，我们要合理调控自己的情绪，强大自己的力量，这已经成为势不可当的趋势了。

1. 自我激励

自我激励是积极向上的心态，能有效地缓解自己的情绪问题，帮助自己走出困境。如通过一些名人、伟人的事例或名言、警句进行自我激励，有效地调控偏激情绪。比如，林则徐为了控制自己的怒气，写了“制怒”的大匾，悬挂在堂屋中，以此告诫自己。

2. 不断提醒自己

情绪不好时，我们不能放纵自己的情绪，要及时地提醒自己抓紧走出坏情绪的旋涡。当我们感到非常愤怒的时候，可以不断地在心里默念“怒气伤身，要忍住”“我能克制自己，一定可以”等，反复地暗示自己：别做蠢事，发怒是无能的表现，及时给予自己暗示和警告。

3. 不断地学习

学无止境，学习不仅充实自己的文化知识，还能培养人的处事能力，拓宽人的心胸。人生所有烦恼的会不多不少永远追随，只不过学识涵养可以使一个人更加理智冷静地分析处理这些难题而已。所以说。活到老，学到老，不断地学习才能不断地强大自己。

第12章 战胜忧郁情绪——提防抑郁这个心灵的陷阱

当人们遇到精神压力、生活挫折、痛苦境遇、生老病死等情况时，有可能会产生抑郁情绪。抑郁的心情，经常让自己感觉无望、孤独，长此以往，甚至会影响到我们的生理健康。我们要想拥有健康的身体，就应该有一个健康的心态，让生活中多一些阳光和喜悦，少一些阴暗和悲伤。当遇到不愉快的时候，我们就应该学会给自己的心灵减负，尽量地避免那些负面情绪的出现，从而呵护我们的心灵，维护好我们的健康。

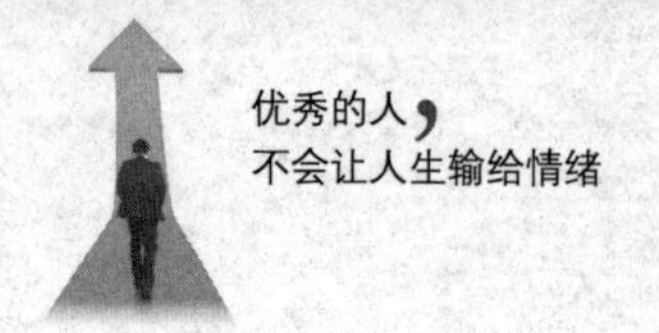

远离忧虑：从容看待得失

子曰：“鄙夫可与事君也与哉？其未得之也，患不得之；既得之，患失之。苟患失之，无所不至矣。”意思是说：“可以跟品质低下的人一起侍奉君主吗？当他没有得到的时候，虑患不能得到；当他得到以后，又虑患失去。如果虑患失去，那就没有什么事情做不出来了。”是啊，患得患失可谓是一大心理之患，是人生的精神枷锁，是附在人身上的阴影。生活中出现阴影是因为我们挡住了人生的太阳。人生的太阳是什么？是理想、是追求、是热爱生活，拥抱生活。要铸就辉煌的人生，必须砸碎精神的枷锁，丢掉思想包袱，走出患得患失的阴影。

因此，我们要以阳光的心态面对人生，要坚信好的心态才能帮助我们走出患得患失的阴暗期。

很久之前有一位神射手，他的射技非常高超，可以说是达到了炉火纯青的地步，是一位难得的奇才，这个人叫后羿，这项本领让他的名字在民间受到了广泛的传颂与敬佩。

渐渐地名声就传到了夏王的耳朵里，夏王对于民间对他的赞颂非常好奇，想亲眼目睹一下，于是夏王想把后羿召入宫中来，单独给他一个人演习一番。

有一天，后羿奉命来到宫中，在御花园里为夏王演习。夏王找了个开阔地带，叫人拿来了一块一尺见方，靶心直径大约一寸的兽皮箭靶，用手指着说："今天请先生来，是想请你展示一下您精湛的本领，这个箭靶就是你的目标。为了这次表演不至于因为没有竞争而沉闷乏味，我来给你定个赏罚规则：如果射中了，我就赏赐给你黄金万两；如果射不中，那就要削减你一千户的封地。现在请先生开始吧。"

听完夏王的规定之后，后羿神情有些紧张，一句话也说不出来。他一步一步沉重地走到离箭靶一百步的地方，取出一支箭搭上弓弦，摆好姿势拉开弓开始瞄准。

此刻的他非常清楚，这一箭非同小可。越是重要，附加的条件越多，后羿的内心越是紧张，他的呼吸越来越急促，拉弓的手也微微发抖，瞄了几次都没有把箭射出去。后羿终于下定决心松开了弦，箭应声而出，"啪"的一下钉在离靶心足有几寸远的地方。后羿脸色一下子白了，他再次弯弓搭箭，精神却更加不集中了，射出的箭也偏得更加离谱。

收拾好自己的东西之后，后羿尴尬地向夏王告辞，若有所思地离开了王宫。看着他的离开，夏王内心不仅感到非常失望而且也很好奇为什么人们心中的神箭手今日的表现如此糟糕。为什么今天跟他定下了赏罚规则，他就大失水准了。

这时手下说："往日里他射箭，只是普普通通的练习罢了，在一颗平常心之下他没什么压力。可是今天他射出的成绩直接关系到他的切身利益，叫他怎能静下心来充分施展技术呢？看来一个人只有真正把赏罚置之度外，才能成为当之无愧的神箭手啊！"

看完这个故事我们应该明白了患得患失给人带来多大的危害，可以直接阻碍人们前进的道路。我们应当从后羿身上吸取教训，面临任何情况时都应尽量保持平常心。

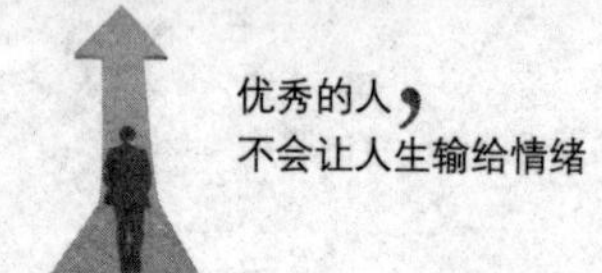

1. 关键是心态

心强大了，你的抗压能力才会强大，你才不会被一点小事搞得忧郁不堪。其实，烦恼的时候可以找一点你喜欢做的事来分散你的注意力，让自己不要老想着你得失的那件事情，比如你可以健身，听音乐，参加娱乐活动。有时候，可以向你的朋友倾诉你心中的苦闷，不要一个人在那苦恼，有时朋友的一席话能让你恍然大悟，让你有豁然开朗的感觉。凡事不要太在乎，抱着平常心，相信自己，相信你的实力，你一定能够克服的。

2. 知足常乐

如果一个人不懂知足，那么他是不会快乐的。我们不要总是攀比为自己寻找不必要的苦恼，正确的乐观的比较应该是自己和自己比，把自己的今天和自己的过去比。只要努力且通过努力进步了，收获了，那你就是在不断地走向更好的自己。

远离猜疑，让身心更轻松

对于一般人来说，都会有猜疑心理，如果不了解具体情况，内心猜疑也是很正常的。但是，凡事都要把控一个度，如果超出了一定的心理范围，处处敏感多疑，心神不定，那么这种猜疑就是一种不良心理。过度的猜疑会让人变得焦躁不安，心烦意乱，甚至整天提心吊胆，戒备他人，防范来自外界的侵害，身心都承受着巨大的压力。一个人如果把大量的精力和思考耗费在无谓的猜疑上，就不可能完全发挥自己固有的能力，因而最后的结果必然是碌碌无为。

一年，孔子和他的弟子在陈国和蔡国交界的地方断粮七天，子贡费了许多周折才买回了一石米。

子贡让颜回与子路在破屋的墙下做饭，自己去井边打水。子贡在井边打水时，无意间看见颜回从做饭的锅里抓了一些米放在了嘴里，子贡非常生气，便跑去问孔子："仁人廉士也改变自己的节操吗？"

孔子说："改变节操还叫仁人廉士吗？"

子贡说："像颜回，能做到不改变节操吗？"

孔子说："是的。"

于是，子贡便把自己看到的事情告诉了孔子。

孔子说："我相信颜回是个仁人，你虽如此说，我仍不会怀疑他，这里面必定有缘故。你等等，我问问他。"

孔子把颜回叫到身边说："日前我梦见先人，大概是启发佑助我。你把做好的饭端进来，我想祭奠他。"颜回对孔子说："刚才有灰尘掉进饭里，留在锅里不干净，丢掉又可惜，我就把它吃了，不可以用来祭奠了。"

孔子说："是这样啊！那我们一起吃吧！"颜回出去以后，孔子环顾了一圈旁边的弟子说："我相信颜回不是从今天开始的。"过了一会儿，孔子似有所悟，又对他的弟子们说："应当信赖的是眼睛，但是眼睛有的时候仍然不足以信赖，应当凭借的是心，可是心有的时候仍然不足以凭借，弟子们记住，了解一个人不是一件简单的事情啊！"

孔子的话值得我们深思，亲眼看见的都不一定是真的，更何况那些道听途说的事情呢？子曰："不逆诈，不臆不信。"意思是说，不要猜测别人欺诈自己，不要揣度别人不诚实。孔子是教导我们不要胡乱猜疑。

是的，猜疑，使人疑神疑鬼、心中不平、苦闷与烦恼，严重影响身心健康。所以，有猜疑恶习的人应该彻底反思，努力审视自己，尽快克服猜疑的坏毛病。

下面这个故事将会告诉你猜疑心理所能造成的损失到底有多大。

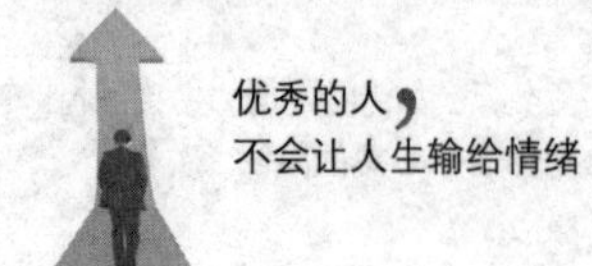

原美国福特汽车公司总经理艾柯卡在任职期间，凭借其强烈的事业心和超人的才干，把一个大公司经营得红红火火，引起了世人瞩目。对此，公司老板小福特既喜又忧，喜的是公司利润剧增，忧的是艾柯卡名声大噪会不会对自己造成威胁。一天夜里，小福特做了个梦，梦见公司易主，艾柯卡取代了自己成为老板。于是，第二天小福特毫不客气地辞退了艾柯卡。这对于当时正在全身心地为福特公司的发展而效力的艾柯卡简直是五雷轰顶，他不知自己有什么过错。其实，这都出于老板的猜疑。当然，艾柯卡毕竟是艾柯卡，他迅速从绝望中清醒，又到濒临破产的克莱斯勒公司任总经理。经过几年的艰苦努力，使这个公司一跃成为美国第三大汽车公司，抢走了福特公司大批生意。小福特的猜疑以狭窄心胸的“美”名和巨额经济损失画了个句号。

猜疑就像枷锁一般束缚着我们的灵魂和思想，使我们失去自己，失去朋友。假如一个人内心过度猜疑，那么就会因为一些有的没的而变得苦恼、烦闷；猜疑者常常嫉妒心重，比较狭隘，因而不能更好地与周围的人交流，其结果可能是无法结交到朋友，变得孤独寂寞，对身心健康都有危害，因此需要加以改变。

其实猜疑从一方面能反映出一个人的心胸不够坦荡，不够宽广。所以，对于这种情况我们必须要告诫自己通过努力不断克服，让自己的心灵得到解脱。要达到这个目的，可以经常参加文体活动，经常到郊外游山玩水、登高远望，沐浴在大自然的怀抱里，这样会使自己心胸开阔，生活得轻松活泼、充实愉悦，根本无暇去思索那些毫无意义的闲言碎语。久而久之，自己会变得豁达大度、乐观开朗起来，狭隘多疑的心态也会得以改变。

忧郁就是慢慢积累起来的

不计较一时的得与失，不在意暂时的成与败，这样的人生才会洒脱而又轻松。其实生活中，很多时候总是因为眼前的一点小营小利而心烦意乱，其实，想想这又何必呢？计较那些点滴的得失又能怎样呢？最终害得自己心情郁闷，烦躁不堪，实在是不值得。所以说，放宽心态，别太计较，那么你的生活就会少一点忧郁，多一点欢乐。

很久很久以前，有个青年总是让人感到反感，周围的人没几个喜欢他的，主要是因为他脾气特别不好，不知怎的就与人打起来了，所以渐渐地他的朋友越来越少。

有一天，这个青年在路上溜达，不知不觉到了一个寺庙，正好里面的禅师在谈论佛法，他坐那里听了一会儿感到很后悔，于是决定重新改造自己，他对禅师说：“师父！今后我再也不与别人打架斗口角了，即使人家把唾沫吐到我脸上，我也会忍耐地拭去，默默地承受！”

“是的，让唾沫慢慢地自己干了，不要去擦它！”禅师轻声说道。

这个青年听完，继续问道：“如果拳头打过来，又该怎么办呢？”

“同样地，别太放心上，只不过一拳而已。”禅师微笑着答道。

那个年轻人实在无法忍耐了，便举起拳头朝禅师的头打去，继而问道：“现在感觉怎么样呢？”

禅师丝毫没有生气的迹象，反而非常担心地问他：“我的头硬如石头，可能你的手倒是打痛了！”

青年无言以对，似乎对禅师言行有所领悟。

禅师这种心境已经达到了一定的地步，或许常人是无法做到的。可是生活在这个世界上，宽容的心对于我们来说真是不可或缺的。如果一个人

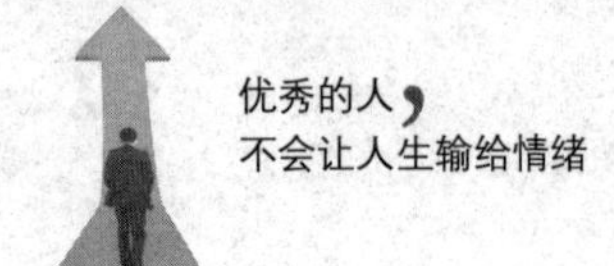

气量狭小，遇事斤斤计较，那么在生活中就会处处碰壁，烦恼无限。假如能以实际行动理解、包容别人，那么你也会得到别人的理解和包容的。

阿凯是一个画家，而且是一个非常优秀的画家。他画快乐的世界，因为他自己就是一个非常快乐的人。不过没人买他的画，因此，他想起来会有些伤感，但只是一会儿就过去了。“玩玩足球彩票吧！”他的朋友劝他，“只花两元钱就可以赢很多钱。”于是阿凯花两元钱买了一张彩票，并真的中了彩！他赚了 500 万元。

“你瞧！”他的朋友对他说，“你多走运啊！现在你还经常画画吗？”

“我现在就只画支票上的数字！”阿凯笑道。

阿凯用中彩的钱买了一幢别墅，并进行了一番豪华装饰。他很有品位，买了很多东西：阿富汗地毯，维也纳柜橱，佛罗伦萨小桌，迈森瓷器，还有古老的威尼斯吊灯。

此刻的阿凯感到很满足，他坐在沙发上，点起了一支香烟，在这美好的环境里感受着这突如其来的幸福。突然，他感到很孤单，便想去看看朋友。他把烟蒂往地上一扔——在原来那个石头画室里他经常这样做，然后他就出去了。燃着的香烟静静地躺在地上，躺在华丽的阿富汗地毯上……一个小时后，别墅变成了火的海洋，被完全烧毁了。

朋友们很快知道了这个消息，都来安慰阿凯。

“阿凯，你真是不幸啊！”他们说。

“为什么这么说呢？”他问道。

“损失啊！阿凯你现在什么都没有了。”朋友们说。

“什么呀，不过是损失了两元钱。”阿凯答道。

是啊，本来也是意外来财，如果阿凯像朋友说的那样感觉难过、感到抑郁，那么他就不会是一个快乐的人了。

总之，人生就是不断地失去，不断地得到，有失必有得，我们都应该看开。所以说，面对生活的得失与成败，我们不要总是积郁于心，不能自拔。我们要放宽自己的心态，远离抑郁，做一个宽容不计较的人。

有人说：“生容易，活容易，生活不容易。”的确，生活中有太多的无奈，有各种各样的烦恼，有这样那样的忧愁，有看得见看不见的困难……人一生中总会遇到许多不顺心、不如意的事情，如果每一件事你都斤斤计较，那么不但活得很累，也很难获得快乐。

自寻烦恼，只会让自己难过

美国著名作家马克·吐温说过：“烦恼忧愁是伤人的病菌。它会吞噬你的优势，而留下一个像废品一样的垃圾。”如果总是劳神于无谓的烦恼上，那么你的内心将会是疲惫不堪的，欢乐对你而言也是奢侈的。所以说，放下烦恼，调整心情，做一个快乐的人吧。

曾经有这样一位男士，他总是闷闷不乐，突然有一天他想起去寺院里求助禅师，希望从禅师那里得知如何摆脱这种现状。男士说：“每天我都非常努力地工作，忙得不可开交，就是希望能挣很多的钱，让我的家人生活得富裕。可是，每当我下班路过繁华闹市，望着一家紧挨一家的商店，看着琳琅满目、新颖精致的件件商品，一种莫名其妙的挫败感就会向我袭来。我知道，任凭我怎样勤奋努力，那么多的美妙商品我也只能望而兴叹。”

听到这里，禅师笑了，他对男士说：“这样吧，我先给你讲个小故事：很多年前，有一个埃及人，决心要过一种简朴的生活，他抛弃了当时埃及人普遍拥有的各种生活物品，只携带几样生活必需品，只身来到了沙漠中，开始了他理想中的简朴生活。”

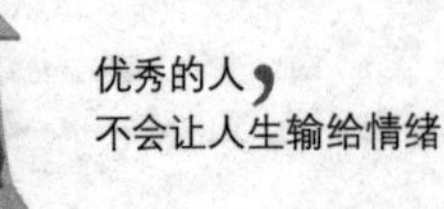

“这个人就这样过着自己想要的简单而又平静的生活，每次当他的必备物品缺失的时候，他就回到自己的家中去置办需要的东西。家人们留意到，每一次他回家时，他都要到城里唯一的集市逛上大半天。尽管每次他都空手而归，但脸上却布满了喜悦。家人好奇地问他这其中的缘由，他微笑着回答道：‘集市上的物品可真是够丰富的，少说也有上百样吧。每当我看到这世上居然还有这么多我并不需要的东西时，我的心中就不由得充满了喜悦。’”

听完这个故事，这位男士的脸上好像没有了刚来时的愁容，变得释然了许多，禅师便接着对他说：“相对于商品匮乏的几十年前，我们今天可谓处在商品泛滥的时代。我这里有一份资料：20 年前，一家标准超市所拥有的商品项目大约为 9000 项，而现在却达到了 3 万项！倘若他能够活到现在，真不知道他该是何等喜悦！我们当然不必像他那样去过苦行僧式的生活，但这林林总总的 3 万种物品又有多少是真正属于我们正常生活所必需的呢？”

“即便你达不到这个埃及人的心态，但是你也实在是没有必要因为买不起所有的东西而让自己陷入无尽的苦恼中啊！”禅师最后说。

很多烦恼都是自找的，难道不是吗？多少事情是根本无须介意的，可人们总喜欢与它纠缠，牵扯得越多，烦恼就越多。如果为了这些烦恼消耗我们大量的精力和时间，我们怎么能开心快乐地生活和工作呢？又怎能较快地获得梦想中的成功呢？让烦恼只留五分钟，这是及时解决的好办法。

世界上最宽广的是海洋，比海洋更宽广的是天空，而比天空更宽广的是人的心灵。一个心胸辽阔澄明的人，是不会有那么多烦恼的。诚然，就算是你的烦恼是因为外在的一些事情，但外因毕竟只是条件，内因才是根据。倘若心灵一片光明灿烂，那烦恼与苦痛便会远遁他乡。

生命匆匆而逝，不要让烦恼耽搁了你美好的时光，把握好现在，少一点计较，做一个快乐的人吧！

用阳光的心态战胜抑郁

王宇是一高中学生。原本是一个活泼的女孩子，却在高三的前半学期无原因地开始出现失眠、头晕、头痛、胸闷、心慌、上腹不适等症状，她整天胡思乱想、郁郁寡欢，对前途悲观绝望，常常无精打采，精疲力竭。之前很爱学习的她，现在也失去了兴趣，经常旷课，不愿参加集体活动，也不愿说话，对即将来临的高考也失去了原有的信心，她甚至想到了退学。几次向父母提出都被劝说了回来，但即使回到学校，她上课的大多时间也是在发呆，而且经常会感到脑子不够用，记忆力下降，注意力不集中。就连生活作息也受到了影响，晚上难以入睡，早上却醒得很早，常常清晨四五点就醒了，一醒就发愁这一整天该怎么过。这样的情绪一直左右着她，让她觉得生活没有希望，自己是一个废人，还连累了家人，很想一死了之，曾几次自杀未遂。

根据故事中的王宇所表现出来的种种症状，就可以断定她是典型的抑郁症患者。抑郁严重影响人们的身心健康，轻则烦闷，重则丧失。所以，我们必须对此保持高度警惕，行动起来，学会控制情绪，保持阳光心态。

那么应当怎样认识并消除抑郁症，让自己快乐起来呢?

第一，我们要正确地看待抑郁症，有抑郁症并不是什么丢人的事情或者低人一等的事情，很多成功人士或者你崇拜的名人都有过抑郁的经历。抑郁症与感冒没有什么区别，它只是一种普通的疾病。中国人心理健康的观念比较淡薄，对健康的认识基本还停留在生理健康的层次。如果你抑郁了，不要认为自己是不幸的。塞翁失马，焉知非福。

第二，抑郁症并不是不治之症。很多抑郁的人总是觉得自己走到了世界末日一般，悲观地看待自己的未来，甚至有轻生的想法。其实，这是不

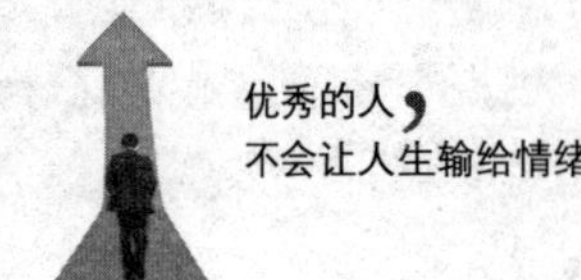

理性状态下的不理性想法。如果摘下有色眼镜，就可以看到明天会更美好。再者说，抑郁症不是终身携带的，往往是一段时期的一时疾病。所以有抑郁症的人回头想想自己原来的感觉，都会觉得好笑。对于抑郁症患者来说，心态很重要，我们要学会看开，保持好心情，多去想想那些开心的事情，心大一点，宽一点，其实很多事情都不是什么问题，只是自己胡思乱想罢了。

第三，不要混淆概念，把抑郁症当作精神分裂。对于精神分裂来说，这是一种难以治愈的疾病，并且它会复发。抑郁症和精神分裂没有必然的联系。但是抑郁症也容易让人走上极端，这是不容忽视的，因此要及时消除抑郁症，这是必须引起我们重视的大问题。只有认识到抑郁症的危害，我们才会主动自觉地消除抑郁症。

第四，学会倾诉，避免过度压抑自己，这样才能更好地消除抑郁。生活中可以广结好友，压抑的时候或者情绪不好的时候学会与他人谈心，交流，把内心的不快说出来，抑郁就自然消除。同时加强运动或户外活动对抑郁症的减轻都大有好处，当你看到蓝天绿水，闻到花香袭人，听到鸟鸣悦耳，心情会自然好转。另外，要注意调节饮食，按时睡眠休息，对消除抑郁症都很有帮助。

不要让抑郁症毁了花一样美好的生活，我们应当有意识地倾听自己内心的需求，时不时地停下匆忙的脚步，反省一下是否伤害了自己，伤害了别人，这样才能走出抑郁的沼泽，直面阳光。人生本就该是被快乐围绕着，远离抑郁才能拥抱快乐，做身心都健康的人。

第13章

消除恐惧情绪——胆怯与勇敢只是一念之差

在许多人的思想深处潜藏着一个字：怕，即心理学中所说的恐惧。诸如，怕黑夜、怕毛毛虫、怕困难、怕自己说话不利落、怕老师提问、怕被别人瞧不起，等等。恐惧是一种具有负面能量的情绪，它是在可怕情景的影响下所产生的紧张反应。如果这种消极的情绪持续过久，就会破坏情绪的信号功能和调节功能，引起生理上的疾病和心理上的混乱。所以，我们要学会克服恐惧心理，合理管控情绪。其实，胆怯与勇敢只差一步，只要我们敢于尝试，迈出这一步，直面恐惧，那么我们心里的阴影就会越来越少。

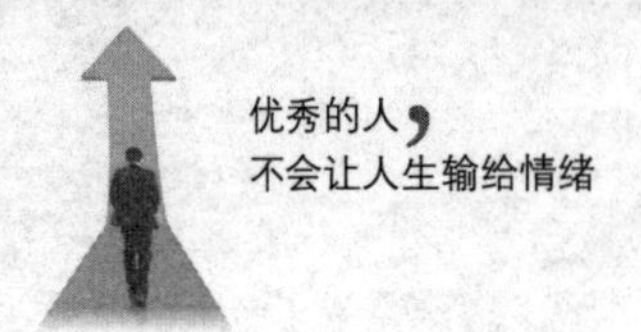

面对恐惧，勇敢一点

生活中的负面情绪有很多，比如抑郁、悲伤、愤恨、自卑、焦虑……其实，还有一种情绪对我们有着巨大的影响，那就是恐惧。恐惧，几乎在生活中无处不在，因为生活中的很多事物和场景都会给人们带来这种心理，就像雷电、灾害、疼痛、考试，甚至是一些刺激性的娱乐活动。正常范围的恐惧是可以理解的，但是现实生活中，我们可以看到有的人的恐惧心理甚于常人：这是一种不健康的心理，更严重的会得恐惧症。

其实，恐惧对于我们身心的影响是不可小觑的。长期下来，恐惧能改变人们的生理状况，使其产生一系列变化，如表现出紧张、恐慌、发抖、尖叫等反常行为。有时候人们也会出现这种情况：惊慌时会感到自己的心脏怦怦跳动，愤怒、焦虑时，则心率加快、血压上升等，这种情绪状态如果持续下去，加上其他生理变化，就可能造成心血管机能的紊乱，出现心律不齐、高血压和冠心病等，严重时还会导致脑血栓或心肌梗塞。由于受到刺激，在恐惧之下引起心脏病突发，而造成突然死亡的事例，屡见不鲜。其实，恐惧的危害在身体很多地方都有所体现。

艾伦是美国一家通信公司的职员，他工作相当认真，做事尽职尽力，很受同事的尊敬，但是他有一个缺点，就是人生态度很悲观，不相信这个世界上的一切，并且总是用否定的眼光去看世界。

周二这一天是经理的生日，下班之后大家都一起去聚一聚给经理庆生。可是没想到的是，艾伦到地下车库的冰柜车拿东西的时候，一不留神竟然被关在里面。

刚一开始，艾伦就觉得周围冷得刺骨，他抓狂似的在里面呼救，不管怎么挣扎，可是周围根本没有一个人，不会有人知道他在里面。可是艾伦的手掌已经敲得红肿，喉咙喊得沙哑了，一切都是徒劳，最后他只能绝望地坐在地上喘息。

在艾伦看来，零下几十摄氏度的冰柜简直能要了他的命，他根本撑不了多久的。越想内心越是恐惧，于是用发抖的手，在上衣的口袋里掏出纸笔，一边颤抖一边写着遗书。

一晚上的时间就这样过去了，第二天同事们终于找到了他，他就躺在里面，同事们赶紧把他送去急救，可是已经为时已晚，他没有活下来。后来大家发现，其实冰柜车的冷冻开关并没有启动，并且冰柜里也有足够的氧气，照理来说艾伦不可能被冻死的，可是艾伦竟然真的被“冻”死了！

艾伦的死，使同事们明白了一个道理：其实艾伦的离世并不是因为冰柜里的温度严寒，而是因为面对冰柜环境内心产生的恐惧。一般情况下，冰柜车的温度不能轻易地停止冷冻状态，但是当天因为这辆冷柜车要维修而未启动制冷系统。但是艾伦连试一下的勇气都没有，结果真的“冻”死了。

恐惧，让一个人丧失了勇气，导致最后连性命都丢失了。在处理问题的时候，如果恐惧心理超出了一般范围，人们可就真的变得消极，甚至是丧失了本应能面对的能力，变得束手无策，因而泯灭了人的创造性。同时，恐惧能影响人的身体状况，危害人的修养，降低人的生理与精神的活力，它能泯灭人的希望，消磨人的意志，让人停留在原地。

克服恐惧，勇敢一点，这样才不会把自己逼向死角。

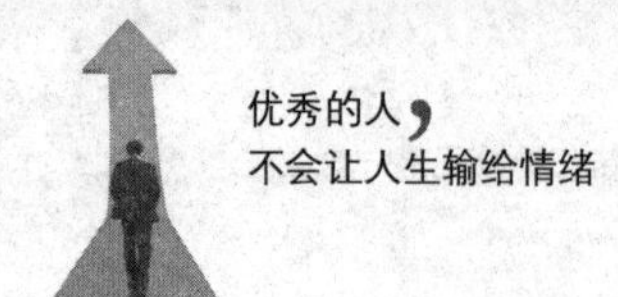

1. 锻炼自己

心理素质的训练对于我们每一个人来说是非常有必要的，对于心理素质较差的人来说，需要特别加强这方面的锻炼。比如，进行模拟训练危险情境，设置各种可能遇到的情况，进行有针对性的心理训练，形成对危险情境的预期心理准备状态，就能够有效地战胜紧张和不安等不良情绪，提高心理适应和平衡性，增强信心和勇气，以无畏的精神克服恐惧心理。

2. 肯定自己

如果自己都看不起自己，你还指望谁能看得起你。学会肯定自己，才会战胜生活中的困难。可以在工作和生活当中给自己定下一个个小目标，当我们完成自己定下的目标时，就会产生成就感，这样可以让我们保持良好的心情，并且会变得越来越自信。

战胜恐惧，做生活的强者

罗斯福曾经说过："我们唯一值得恐惧的就是恐惧本身——模糊的、莫名的、轻率的、毫无根据的恐惧。那会让自己变得莫名地胆怯，会让我们为了前进所付出的努力都付诸东流。"恐惧是取得成功的最大障碍，一个面对困难或风险畏缩不前的人是不敢渴望胜利与荣誉的。只有克服心里的恐惧，勇敢向前，才能获得最终的胜利。希望我们能用实际行动证明自己的勇气与永不放弃的决心。

面对危险畏缩不前的人是不敢渴望胜利与荣誉的。只有克服心里的恐惧，勇敢向前，才能获得最终的胜利。

陈宇是一个腼腆内向的男孩，今年刚刚考上高中，比起那些意气风发

的同龄人，他觉得自己的生活暗淡无光。他没有特别好的成绩；他的外表有些土气，吸引不了异性；他的身材瘦小，不像其他男生那样能在运动场上打篮球踢足球；这样的男生倘若擅长艺术，也能吸引人，偏偏他对艺术一窍不通。

有一次，因为一点很小的事情，陈宇和一个同学打起来了，那个同学打架是出了名的，非常强势，陈宇不占上风，可是也不好意思告诉老师。回到家后，陈宇大哭一场，决定一定要改变自己，不能再这样下去。

陈宇想了个别出心裁的法子，他拿了一张长长的纸，列了一份“恐惧清单”，把自己害怕的事全都写在上面，包括“向数学老师问某个定理”“和前桌的女孩说一句话”“打一场篮球”“画一张画”等不起眼的小事，这全是他平日不敢做的，他按照难易程度标出顺序，他对自己说：“一星期之内，一定要把清单上的事都做完。”

次日他就依照清单开始做事，第一件事就是在上课的时候主动回答问题，其实之前的时候他是从没有主动回答过一次问题的。即使被点名，他也吞吞吐吐，明明知道答案也回答得不清不楚。正想着，老师问：“谁能回答这个问题！”他想也没想就举起了手。

往常从未举手的陈宇这次竟然这么主动，老师立刻说：“陈宇，你来答！”

陈宇站了起来，这才发现他一直在想事情，根本没听清老师的问题。他目瞪口呆地站在那里，前桌的女生含笑打开书本用手指点一段话，他照着读了出来。老师说：“答得很好，坐下吧。”

或许这次有点失败，但是陈宇却明白了很多事情没有自己想的那么困难，就算真的答不出来，被同学笑几声，也不是什么大不了的事。更幸运的是，前桌的女孩竟然主动提示他答案。下课后，陈宇用尽量自然的表情和声音对女孩道谢，女孩笑着说：“这有什么，还有，你跟我说话怎么这么紧张？我很吓人吗？”

开始尝试清单内容的陈宇，发现他的生活起了极大的变化，那些曾让他害怕的事，真正做了，才发现没那么可怕，而且每做一件事，他都会有新的收获：他发现老师更爱叫他回答问题了，也许是为了鼓励他；发现前桌的女孩对他有好感，很喜欢跟他说话；发现曾经打他的男生竟然主动邀他踢球，这也许就是“不打不相识”……陈宇终于明白，自己害怕的其实是失败，只要不怕失败，任何事都可以尝试。

陈宇的故事并不陌生，想必很多朋友也经历过类似的情况吧。越是害怕就要越去尝试，这样才能战胜恐惧，才不被生活的磨难打倒。这种意识是一种从无到有的过程，需要自己不断磨炼与激励。只要自己敢于一步步地迈出去，那么你的勇气和信心就会不断地积累，战胜恐惧的能力也会不断强大。

很多人惧怕演讲、作报告等公众场合，这其实就是一种恐惧心理，那么我们该怎么克服呢?

1. 把听众当作朋友

一般人与初次见面的或不了解的人见面，就会产生恐惧，但与亲密的朋友说话就不会有这种感觉。所以，战胜恐惧的一个很好的方法就是：视陌生人为旧友故知。有位领导者为了防止当众讲话带给自己的恐惧，常在手心上写一个“客”字。每次上讲台前他都会告诉自己说：“这些听众都是自己的朋友。”

2. 经常回想成功的情景

在讲话时，要多想象一下自己与人侃侃而谈，在公众前讲解人生的姿态。反复回想自己说话成功的经历，这样就会产生“一定能获得成功”的信心和强烈的说话欲望，也会增强自己说话的勇气。

勇敢面对，做一个勇敢的人

没有人能够完全不怯懦和不畏惧，最勇敢的人有时也不免有懦弱胆小、畏缩不前的心理状态。但如果这成为一种习惯，它就会成为情绪上的一种大病。很多时候，在忐忑不安的心绪的支配下，一种自然而然的焦虑就会在我们的心中积聚起来，转化为深深的恐惧。在这种情况下，我们就不能充分地享受生活了。所以说，尽量调整好自己的情绪，远离恐惧，这样才能更好地享受生活的美好。

林曦大学毕业后，遇见了虽然穷困但很有才华的程昱，她很喜欢程昱专心作画时的那股英气和帅气，更喜欢他笔下的画风和美感。两人交往了一年后，就开始同居。半年后，林曦的父母发现此事，要林曦做个选择，决定要跟程昱过一辈子，立刻和他结婚，还是去找一个有前途的人嫁了。

虽然程昱工作不稳定，收入又少，但林曦对他已是情深义重，再也离不开了。因此，她不顾父母的反对，毅然嫁给了程昱，没有任何嫁妆，也没有任何亲友的祝福。

就这样，她和程昱两个穿上情侣装——同样款式的牛仔裤和T恤，手牵手去领了结婚证。

林曦一辈子都记得，她妈妈偷偷躲在门口掉眼泪的情景。

和妈妈离别前，妈妈沉痛地又问了一句：“林曦，你真的想清楚，不后悔了吗？”

林曦也含着泪，眼神坚毅地说：“妈，你放心，我会对自己的决定负责，一生无怨无悔！”这句话一直回荡在林曦的脑海，直到多年以后。

在他们生了第三个孩子后，程昱仍旧一事无成，又找不到工作，便开始酗酒，甚至出手打她。实在无法过下去了，林曦在结婚的第六年，和程昱离婚了。

有谁料想得到，6年前的坚毅决定，竟换得6年后这样不堪的结果？到底什么才是真正对的决定？什么才是绝对错的决定？

当然了，在林曦的父母眼里，她当初的决定，一辈子都是绝对错误的。

林曦离婚时，也深受父母影响，每天活在无尽的自责和悔恨中，直到她想起了自己所说的那句话："我会对自己的决定负责，一生无怨无悔！"她才猛然发现，当初的决定并没有错，虽然她的想法不符合别人的眼光和父母的期望，但是她没有背叛自己的感觉和感情，所以她应该活得无怨无悔才对。

林曦想起那时每天凝视程昱认真作画的表情，一种无限的幸福和满足感让她好几次都感动得落泪。没错，即使现在程昱变了，即使6年后，表面上看起来是自己做错了抉择，不过，在她的心灵深处，仍感到一种满足，她确实是无怨无悔。

后来，林曦独力抚养三个孩子长大，而且很努力地从悔恨和自责中站立起来。虽然，过去的程昱已经不在了，但林曦心中仍永远保持着当年那一份深深的感动。有一天，她对父母说："离婚不是一件坏事，至少我很感激上帝让我有这个机会，能和当时的程昱共同走过一段人生，到现在我仍感到很满足。这段人生，我真的无怨无悔！"

林曦终于了解，像婚姻这种事，没有绝对的对或错，更没有绝对好或坏的决定，唯有忠于自己的感觉，勇敢面对自己所做的决定，人生才能无怨无悔。如果一直害怕去面对现实，恐惧当前的现状，不敢面向新的未来，那么毁掉的就是自己的人生。

遇到问题，我们没有退路，畏惧又有何用？恐惧又能怎样？只能勇敢面对，不断前进，不要被现实吓怕，不要被现实打败，这样才无怨无悔。

勇敢一点，那么你将会一步步突破更多心理障碍。勇敢是一个有能力的人或者是一个成功人士不可或缺的好朋友。它可以瞬间使人的精神光芒四射，把一个人从困难中解救出来，使不幸者变为幸运的人。如果你的生活已处于低谷，那就，大胆走，因为你怎样走都是在向上，做一个勇敢的人。

敢于尝试，其实自己没有那么不堪

遇到难题，很多人总是抱有这样的心理，“不可能”“肯定不行”“太可怕了，我根本做不到”……这样的现象真的是很多。没有尝试，没有努力，心里面装的全是畏惧和无尽的想象。想得再多也不如去实践一次，恐吓自己只会让自己一无所获。所以说，拒绝那些可怕的想象吧，只有迈出自己的脚步尝试一下，你才能知道现实与想象的差距。

一位探险者想体验大山中美好的景色，于是孤身一人来到一座非常陌生的大山，可是走着走着就迷了路。正当他一筹莫展的时候，迎面走来了一个挑山货的美丽姑娘。

姑娘笑了笑，对他说：“您是在这里迷路了吧？不要紧张，请随我来，我带你抄小路往山下赶，那里有旅游公司的汽车在等着你。”

探险者紧随着姑娘的脚步，他被眼前的景色陶醉了，阳光在林间映出千万道漂亮的光柱，晶莹的水汽在光柱里飘飘忽忽。可是，姑娘突然说：“前方就是最危险的地带了，我们要小心，否则将会跌落山崖。我们这儿的规矩是路过此地，一定要挑点或者扛点什么东西。”

探险者惊问：“这么危险的地方，再负重前行，那不是更危险吗？”

这时姑娘微微一笑，说：“不要紧张，只有你意识到危险了，才会更加集中精力，那样反而会更安全。这儿发生过好几起坠谷事件，都是迷路

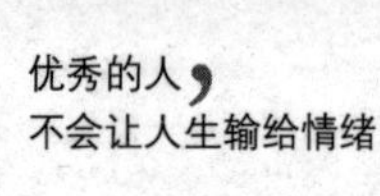

的游客在毫无压力的情况下一不小心摔下去的。我们每天都挑东西来来去去，却从来没人出事。”

探险者此时被吓得直冒汗，他不相信这套说法，于是自己去找绕开此处的其他出路。

姑娘无奈，只好一个人走了。探险者在山间来回绕了两圈，也没有找到下山的路。

夜幕降临，他还在纠结，一想到在山上过夜也是非常危险的，他此刻紧张得不行。

后来，山间又走来一个挑山货的姑娘。极度恐惧的探险者拦住姑娘，让她帮自己拿主意。姑娘沉默着将两根沉沉的木条递到探险者的手上。探险者胆战心惊地跟在姑娘身后，小心翼翼地走过了这段路。

随后，他感到奇怪，就故意重新走了一遍那条让他心惊胆战的路。这时，他才发现那里没有想象中那么“深”，最“深”的是自己想象中的“恐惧”。

如果因为内心的恐惧而不敢尝试，那么你就输了。你连迈出那一步的勇气都没有，怎么可能战胜它呢？不要总是在心里想，要敢于实践，勇于尝试，这样才能看出你自己有多棒。

下面列出的几点意见希望对于受恐惧心理困扰的朋友们有所帮助。

1. 胡思乱想会害死人

很多人遇到可怕的事情，总是喜欢胡思乱想，本来事情并没有那么严重，只要自己稍微努力就克服了。但是他们总是把事态不断地扩大化，严重化，导致自己陷进去无法自拔，因此，把自己逼到情绪崩溃的边缘，逐渐把自己给“吓死了”。这种人应该醒一醒了，不要沉浸在幻想里，要明白幻想和现实是有很大差距的。

2. 自我暗示，相信自己

比如，有的人非常害怕自己去做一件事情，总觉得自己做不好，其实这是一种很正常的恐惧心理，其原因主要是源于内心的不自信。这时候，我们不妨暗示自己，鼓励自己，相信自己做得更好，告诉自己没想象的那么难，这样迈开一步，才会更加地勇敢。

3. 新鲜事物要敢于尝试

越是自己不会的东西，越要去尝试，去学习，这样才会攻破一个个畏惧心理，不断地成就自我。谁没有一个第一次，每个人都是经历从不会到会的一个过程，只有经历得多了，你收获得才会更多。

第14章 战胜自卑情绪——从容面对自己的不完美

因为你的不完美，你才更加地真实。世上没有绝对完美的事，也没有绝对完美的人，这关键是看你的心态如何。有些人总是过于敏感，把自己束缚在自卑的枷锁里，看不到人生的希望，卑微地、毫无生机地面对生活。其实这又是何必呢？朋友们，如果你受自卑的困扰，请你学会不断砥砺自己，灌溉自信的种子，学会自我肯定，让快乐如影随形。走出自卑，迈向崭新的明天吧！

相信自己，“我能行”

“相信自己，你将赢得胜利，创造奇迹；相信自己，梦想在你手中，这是你的天地；相信自己，你将超越极限，超越自己；相信自己，当这一切过去，你们将是第一……”一首歌唱出的是有志者的心声，传递的是一种向上的力量。是的，相信自己，对自己大声说一句“我能行”，有这样的气魄，有这样的心态，还有什么过不去的坎儿呢?

在法国富翁巴拉昂去世后，《科西嘉人报》刊登了他的一份特别遗嘱：我曾是穷人，但当我走进天堂时，我是一个大富翁。在跨入天堂之门前，我不想把我的致富秘诀带走。在法兰西中央银行，有我的一个私人保险箱，那里面藏有我的秘诀。保险箱的三把钥匙在我的律师和两位代理人手中。谁若能通过回答“穷人最缺少的是什么”而猜中我的秘诀，他将得到我的祝贺，他可以从那只保险箱里幸运地拿走100万法郎。

这个消息刊登出来之后，一大批信件依次寄了过来，所收到的答案也是各种各样。一年后，也就是巴拉昂逝世周年纪念日，律师和代理人按巴拉昂生前的交代，在公证部门的监督下打开了那只保险箱。在48561封来信中，一位叫蒂勒的小姑娘猜对了巴拉昂的秘诀，答案是：穷人最缺少的是梦想，也就是成为富人的梦想。贫穷使他们安于现状，他们扼杀了自己成为富人的梦想。所以他们才会一次次地与财富失之交臂。

如果想摆脱目前的生活状况，我们首先要告诉自己我们会成为富翁，我们将要生活在富裕的环境中。确立了这样的信心后，我们要冷静、坚定、自信地守护着自己的理想。只要我们相信梦想，也相信自己，那么终究会有你开怀大笑的一天。

2001 年 5 月 20 日，美国有一位叫乔治·赫伯特的推销员，成功地把一把斧子推销给了小布什总统。布鲁金斯学会得知这一消息，把刻有“最伟大推销员”的一只金靴子赠给了他。这是自 1975 年以来，该学会的一名学员成功地把一台微型录音机卖给尼克松后，又一学员获得如此高的荣誉。

原来，布鲁金斯学会以培养世界上最杰出的推销员著称于世。它有一个传统，在每期学员毕业时，设计一道最能体现推销员能力的实习题，让学生去完成。克林顿当政期间，他们要求学员把一条三角裤推销给时任总统。8 年间，无数个学员绞尽脑汁，可都无功而返。克林顿谢任后，布鲁金斯学会把题目换成：请把一把斧子推销给小布什总统。

鉴于前 8 年的失败与教训，许多学员知难而退。

乔治·赫伯特经过分析认为，把一把斧子推销给小布什总统是完全可能的，因为布什总统在得克萨斯州有一农场，农场里有许多树。

于是乔治·赫伯特就给小布什写了一封信，说：“有一次，我有幸参观您的农场，发现上面长着许多矢菊树，有些已经死掉，木质已变得松软。我想您一定需要一把小斧头，但是从您现在的体质看来，这种小斧头显然太轻，因此您仍然需要一把不甚锋利的老斧头。现在我这儿正好有一把这样的斧头，它是我祖父留给我的，很适合砍伐枯树。假若您有兴趣的话，请按这封信所留的信箱，给予回复……”

最后，出人意料的是，小布什真的给乔治·赫伯特汇来了 15 美元。

乔治·赫伯特成功后，布鲁斯学会在表彰他的时候说：“金靴子奖已空置了 26 年。26 年间，布鲁金斯学会培养了数以万计的推销员，造就了数

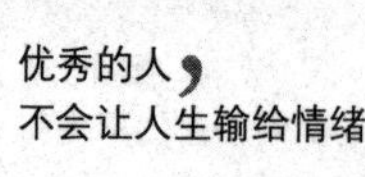

以百计的百万富翁，这只金靴子之所以没有授予他们，是因为我们一直想寻找这样一个人，这个人从小因有人说某一目标不能实现而放弃，从不因某件事情难以办到而失去信心。”

其实，许多事情我们之所以做不好，不是因为它的难度困住了我们，而是因为我们自己困住了自己。没有自信，不相信自己能够做到，那么不管难易，事情永远得不到解决。相信自己，只有自信，才能让自己迈出步伐，成为最出色的自己。

生活中，要树立坚定的目标，有目标才会产生内心的积极信念，才会鼓舞自己去开拓，去实现。我们要把不可能变成可能，相信自己会做得更好，最后才能得到自己最想要的答案。

挣脱自卑的枷锁，成功近在咫尺

自卑是一种消极的自我评价或自我意识，即个体认为自己在某些方面不如他人而产生的消极情感。自卑心较严重的人往往看不起自己，觉得自己什么都不好，感觉低人一等，长久下去变得消极悲观，没有上进心。可是如果我们被自卑控制的话，那么我们的精神生活将会受到严重的束缚，聪明才智和创造力也会因此受到压抑而无法正常发挥作用，甚至还会严重影响到身体的健康。自卑感所引发的这种生存状态直接决定了一个人的命运。

其实许多人都曾自卑过，这是一种普遍现象。它之所以对我们的生活造成如此大的影响，不只是因为在能力上或知识储备上做得不好，而是由于我们有不如人的感觉。不如人的感觉产生的原因只有一种：我们不是用适合自己的“尺度”来判断自己，而是用某些人的“标准”来衡量自己。

如果这样做，毫无疑问地，只会带来次人一等的感觉。

其实很多名人年轻的时候也是经历过自卑心理的束缚的，罗忠福就是一例。

他出身于资本家家庭，上中学的时候他就因为这个原因而受到很多歧视、批判。读了半年大学，因为家庭成分问题而被当地卡住户口，被迫痛苦退学。

在他 20 岁的时候，他父亲去世，母亲只能靠从事一些苦力来维持生活。眼下母亲从事的低贱工作，使敏感的他深深感觉到人生的耻辱。在 25 岁那年，他被分配到一家小工厂当合同工，“师傅”竟以成分讥笑他：“会读书有什么用，还不是给我这个不会读书的人当学徒？”

坎坷的人生和痛苦的经历让他的自卑越来越深，感觉已经到了崩溃的边缘。一次，他在长江边徘徊，一待就是一天。他真想往长江中一跳，以死来解脱这折磨人的“自卑”与屈辱。

可是终有一天他想通了，这个自卑得连生命都想放弃的人立志开始新的人生。走出“文化大革命”的牢狱，那时他已经年过 40 了，一切才刚刚开始，他开始学习经商，不畏失败挫折，顽强奋斗十多年，终于成为亿万富翁，成为世界知名的中国民营企业家。

从自卑中超越自己走向成功的例子，在世界知名人物中比比皆是。

获诺贝尔化学奖的法国科学家维克多·格林尼亚其实早前也有过自卑的经历。他从小家境特别富裕，可是他养成了一些花花公子的恶习，可以说是游手好闲、爱逞强的一个形象。他仗着自己长相英俊，挥金如土，任意地玩弄女人，直到遭到一次重大打击。一次午宴上，他对一位从巴黎来的美貌女伯爵一见倾心，像见了其他漂亮女人一样追上前去。此时，他只听到一句冷冰冰的话：“请站远一点，我最讨厌被花花公子挡住视线！”女伯爵的冷漠和讥讽，第一次使他在众人面前羞愧难当。突然间，他发现

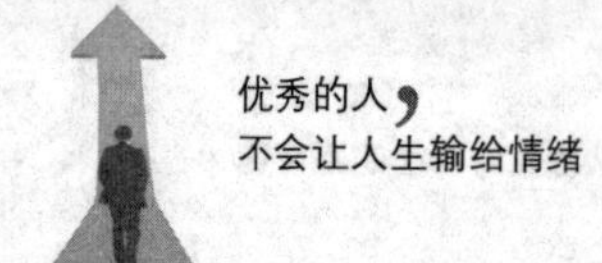

自己是那样渺小，那样被人厌弃，一种油然而生的自卑感使他感到无地自容。

内心的耻辱感使他非常悔恨，于是他便离开了家，打算去里昂努力学习，改造自己。他进入里昂大学插班就读，远离之前的一切社交和娱乐，天天让自己沉浸在图书馆和实验室里。他的钻研精神赢得了有机化学权威菲得普·巴尔教授的器重。在名师的指点和他自己长期的努力下，他发明了“格林试剂”，发表了200多篇学术论文，被瑞典皇家科学院授予1912年度诺贝尔奖。

其实，没有信心、信心不足、过度自轻自贱的人比比皆是。自卑就像是一种“病”，束缚着我们的精神意志，让心间弥漫着一层阴云。自卑必须靠自身努力来医治，只有靠自己奋起，努力培养对自己能力的肯定与信赖感，给自己的信心充电才能有所改观。

打破自卑的枷锁，你知道怎么做吗？

1. 当众发言练胆量

在大庭广众之下，大胆地发言，这不仅需要勇气，也需要自信，其实生活中很多优秀的人，他们其实很聪颖，能力较强，可是就是无法发挥他们的长处参与讨论，其实这也是自信心不足的表现。从积极的角度看，如果尽量发言，就会增加信心。面对问题要主动回答，发表自己的见解。面对机会，要主动争取，上台锻炼自己，时间久了，就不会害怕当众讲话，那么你的自信就会慢慢地培养起来。

2. 多去尝试不会做的事情

尝试需要一种勇气，自卑的人一般遇事比较怯懦，不敢去触碰，更何况是新鲜事物呢？所以这时候就要需要学会去逼迫自己去做，给自己鼓励，暗示自己可以做到，尝试得多了，接触得多了，那么内心的那种恐惧心理才会慢慢地消除。

3. 面对失败要乐观

乐观的心对于处世、对于做人都有着不可小觑的作用，一个乐观的人能更坦然地面对生活中的风风雨雨。做到乐观要注意这几点：其一，做到坚韧不拔，不因挫折而放弃追求；其二，注意调整、降低原先脱离实际的“目标”，及时改变策略；其三，用“局部成功”来激励自己；其四，采用自我心理调适法，提高心理承受能力。

肯定自己，学着欣赏自己

自卑是一种什么状态？自卑的人常常觉得自己一无是处，看不到自己的未来，人生总是充满着灰暗。是啊，如果陷入了这个泥沼，真是苦不堪言，内心无比纠结与痛苦，所以我们要学会欣赏自己，肯定自己，摆脱自卑的困扰。要学会欣赏自己的优点，不要只是抱怨自己的不足，要放下自卑，迈向成功，这样才会幸福。

在我们的日常生活中，很多人都对自己缺乏自信，也许是因为生活的贫穷，也许是因为长相的平凡，也许是因为能力的不足。然而，有时候自卑只是自己给自己施加的压力造成的，这时候，我们应放下包袱，好好地正视自己，给自己加油，这样自卑才会消失。当我们远离了自卑，就会发现我们离幸福越来越近了。

有这样一个年轻人，感到非常落魄，有一天他决定去巴黎找一份工作，于是他就去拜访他父亲的一位朋友，希望这位叔叔可以给他提供一些帮助。

“你的数学怎么样？”叔叔问。年轻人羞涩地摇头。

“那么历史和地理呢？”年轻人还是不好意思地摇头。

“那法律怎么样？”

这时候年轻人的头低得越来越低，面对这位叔叔一连串的询问，他非

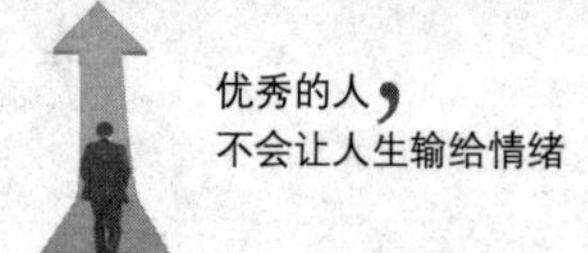

常地羞愧。他感觉自己似乎没有任何长处，连丝毫的优点也找不到。

“好吧，你把自己的住址写下来吧，我为你打听打听有没有什么工作你先做着。”叔叔最后说。

尽管满心的羞愧，但是年轻人还是认真地写下了自己的名字和住址，转身要走，却被这位叔叔一把拉住了：“你的名字写得很漂亮嘛，这就是你的优点啊。”把名字写好也算一个优点？年轻人在对方眼里看到了肯定的答案。

我能把名字写得叫人称赞，那我就能把字写漂亮，能把字写漂亮，我就能把文章写得好看……受到鼓励的年轻人，一点点地放大着自己的优点，他的脚步立刻轻松起来。

想不到的是，多年以后他的梦想真的成真了，他写出了享誉世界的经典作品。这个年轻人就是家喻户晓的 18 世纪法国著名作家大仲马。

还有一个故事相信会让大家有所触动。

有一个小姑娘，她最大的梦想就是能让自己的歌声飘在世界的各个角落，成为一个出色的歌唱家。可是她长相不好，尤其是她是个龅牙，她第一次在一家夜总会面对众人公开演唱时，一直试图把上嘴唇拉下来以遮盖牙齿，期望能表现得好看一些，结果却适得其反，出尽洋相。

此时的她非常失望，关于外表的自卑让她内心认定了自己的失败。可是这时有一个人却感觉这是一个很有天赋的小姑娘，他说：“我一直在看着你的表演，并且明白你想掩藏自己，你是不是感觉自己的牙齿长得很难看？”小姑娘显得非常窘迫，可那人依然接着说:“牙齿的美丑不是什么罪过，你不要刻意去遮掩，你的歌唱得真不错，你却看不到这一大优点，大胆去张嘴唱歌，假如你自己不在乎的话，观众也会喜欢的，也许那些你想遮起来的牙齿还会给你带来好运呢。”

听完这一番话，小姑娘信心倍增，她学会了忘记自己的缺点，演唱时一心只想观众，完全投入歌唱，她张大嘴巴，热情欢快地唱，终于成为一名娱乐界的明星，很多演员现在都刻意模仿她呢。

我们总是羡慕别人的优点，挑剔自己的缺点，于是我们在经历各种诱惑和挫折之后，按照别人喜爱的模样，按照别人的优点不断地修剪自己，把自己变成另一个模样。在这个过程中，我们独独忘记了欣赏一下自己的优点。

其实，每个人都是一道亮丽的风景，每个人都有自己的优点和长处。尽管我们并不完美，但是我们依然有自己美好的一面，有自己独特的优点。如果我们能够多发现自己身上的美，多欣赏自己的优点，我们便会变得越来越好。

怎么才能更好地挖掘出自己的优点呢?

1. 正确认识自己

连自己都不了解，你怎么能挖掘出自身的优点呢？所以说我们要学会好好地审视自己，正确认识自己，看到自己的长处和短处。只有我们认识自我，在取得成绩时，才能保持平常的心态，不会因此而骄傲自满，丧失自我，对自己的能力进行过高的估计；只有我们认识自我，在遇到挫折和失败时，才不会被其击倒，一如既往地为着自己既定的目标而努力，不会对自己进行过低的评价。

2. 探寻自己的兴趣爱好

兴趣爱好是一个人更为有成就感的一个方面。如果你能对自己喜欢的一个方面非常喜欢，那么你会非常拼命地去把它做得更好，这样下来，你就能够比很多人做得更加出色。这，就是你的优势所在。

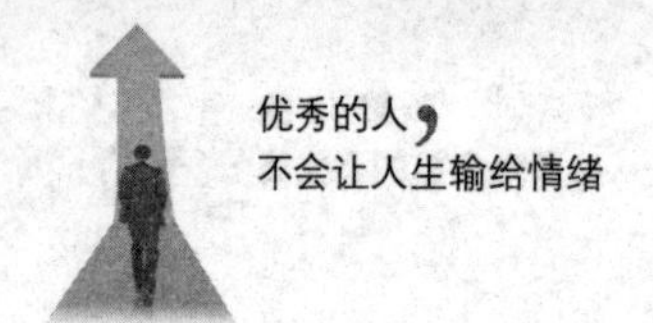

不嫉妒，保持健康心理

嫉妒是一种心理疾 病，如果严重，真的是能扭曲人们的心灵。从某方面来讲，嫉妒心理也是源于内心深处的那种不自信。“嫉妒这恶魔总是在暗暗地、悄悄地‘毁掉人间的好东西’。”这是英国著名唯物主义哲学家和科学家培根曾经说过的一句话。是的，嫉妒可以说是一大病害，侵蚀着人们的心灵。远离嫉妒，做一个阳光的人，相信自己一定能变得更加优秀，与其费尽心机地算计，真不如去努力提升自己，成为梦想的那个人。

孙膑和庞涓是师出同门的师兄弟，共同拜师于鬼谷子，两人一起学习兵法。后来，有消息传出，魏国国君要招贤纳士，希望能得到一名有才能的人到魏国做将相，前途可谓一片大好。当庞涓听到这个消息的时候可以说是激动万分，他已经厌倦了长时间在深山学习兵法的日子，而且感觉自己已经学到了一身本事，可以下山历练了，更何况是面对如此好的前景。而此时孙膑觉得自己还不够成熟，仍需继续学习，所以他打算继续留在山上磨炼自己。

下山之后，庞涓便只身一人去了魏国。见到魏王之后，庞涓与魏王深入地交谈了起来，并阐述了自己在军事方面的独特见解，他的思想深受魏王的喜爱，慢慢地受到了魏王的赏识。在这期间，孙膑却仍在山中跟随先生学习，他原来就比庞涓学得扎实，加上先生见他为人诚实、正派，又把秘不传人的孙子兵法十三篇让他细细地学习、领会，因此孙膑此时的才能远远超过庞涓了。一段时间过后，山上来了一位魏国大臣，带着丰厚的礼物和崇高的礼节来迎孙膑下山。孙膑受到老师的鼓励，于是秉承师命，随魏国使臣下山。

到了魏国之后，孙膑便到庞涓府里住下了。从表面上看，庞涓对于师兄的到来表现得非常高兴，可是私下里，他却极其紧张、不安，他担心有朝一日孙膑会夺走属于自己的一切，成为魏王最赏识的人。在得知自己下山后，孙膑在先生的教诲下学问、才能更高于从前，更是十分嫉妒。同时，由于魏王十分器重孙膑，使庞涓产生了危机感，于是他下定决心一定要除掉孙膑，他仿照孙膑的笔迹写了一封思念家乡、急于离开魏国的家书呈给魏王以栽赃孙膑，魏王大怒，孙膑被处以膑刑。庞涓假意收留了孙膑，这让孙膑感激涕零，实际上庞涓是想监禁孙膑。最后孙膑知道了事情的真实情况，他对此感到非常担忧，于是心生一计，装疯并找机会逃出庞涓的府邸。庞涓技不如孙膑，多次试探之后感觉孙膑是真的疯了，于是随着时间的推移，庞涓对孙膑也就慢慢放下心来，对他的监视也松懈了许多。在过了一段时间之后，当初了解孙膑的才能与智谋，向魏王推荐孙膑的墨翟将孙膑的境遇告诉了齐国大将田忌，又讲述了孙膑的杰出才能，田忌把情况报告了齐威王，齐威王要他无论用什么方法也要把孙膑救出来，为齐国效力。因此，田忌就派人去魏国一趟，趁庞涓疏忽之际，在一个夜晚，先用一人扮作疯了的孙膑把孙膑换出来，脱离庞涓的监视，然后快马加鞭迅速载着孙膑逃出了魏国。

从此以后，庞涓内心的嫉妒和愤恨与日俱增，他把孙膑当作是最大的威胁，每时每刻都盼望着有机会能置孙膑于死地。最终，在马陵道之战中中了孙膑的埋伏。万箭之下，庞涓无路可逃，自杀身亡。

从故事中我们可以看出，嫉妒是多么可怕，甚至葬送了自己的一生。看到别人的出众，我们不要去嫉妒他人，谋害他人，我们应该做的是弥补自己的不足，学习他人的长处，让自己变得更加有底气，有信心。

嫉妒是一种毒，无时无刻不侵蚀着你的思想，不仅让你与他人的距离越来越远，还丢失原本的自己。如果想拥有更好的未来，你可以把嫉妒这种情绪降到最低，这样你就可以把时光都用于更欢乐幸福的日子中去了。

参考文献

[1] 曾杰 . 别让情绪失控害了你 [M]. 苏州：古吴轩出版社 , 2016.

[2] 曾仕强 . 情绪的奥秘 [M]. 北京：北京联合出版公司 , 2014.

[3] 奇普・康利 . 如何控制自己的情绪 [M]. 北京：中信出版社 , 2014.

[4] 郭英 . 情绪控制的 100 种方法：超有效的情绪整理术 [M]. 北京：中国法制出版社 , 2016.